JN301752

CBT 対策と演習
機器分析

薬学教育研究会　編集

東京 廣川書店 発行

本シリーズ発刊の趣旨

　本シリーズは，CBTに対応できる最低限の基礎学力の養成をめざした問題集であり，予想問題集ではない．

　CBTでは平均解答時間は1問1分とされているが，解答時間が1分以上長くかかるもの，あるいは出題形式としては好ましくない"誤りを選ぶもの"も例外的に含まれている．これは，限られた紙面の中で，できるだけ多くの基本事項をより広く応用できるよう目指して作題されたからである．

　CBTの対策と演習という観点から，やや難解な問題も含むが，将来に向かって十分対応できるように，じっくりと学んでいただきたい．

まえがき

　機器分析を学ぶには分析化学，物理化学，有機化学などの知識も必要とされることから，機器分析は薬学教育モデル・コアカリキュラムの中でも，物理系薬学と化学系薬学の両者の分類項目に基礎を置いている．

　6年制の薬学教育では病院や調剤薬局で半年間の実務実習が課せられる．この実習を受けるに当たっては，薬学生として最低限必要な基本的な専門知識を習得する必要がある．

　その知識を問い，評価するためにCBT（Computer Based Testing）が実施される．CBTの問題の難易度は本来，通常の授業内容を理解していれば解ける程度で，なんら特別な準備も要せずに解答できる問題が基本である．その点を念頭に本書の記述は，簡潔平易で，かつ懇切に，学生諸氏が十分に理解できるように配慮した．

　本書は，薬学教育モデル・コアカリキュラムの中から，C薬学専門教育の［物理系薬学を学ぶ］のC2およびC3と，［化学系薬学を学ぶ］のC4の中から，機器分析に関連する事項を抽出した．モデル・コアカリキュラムのSBOに準じ，各章の初めに総括的な主要事項をまとめてあるので，その部分に目を通してから，それぞれの問題に移るようにされたい．モデル・コアカリキュラムの中から，

C2「化学物質の分析」の一般目標は，「化学物質（医薬品を含む）を分析するために，物質の定性，定量などの基本的知識の修得」とされ，(2) 化学物質の検出と定量の中で，「金属元素の分析」として，原子吸光光度法と発光分析法を採り上げた．

C3「生体分子の姿・かたちをとらえる」の一般目標には，「生体の機能や医薬品の三次元的な相互作用を理解するために，生体分子の立体構造，相互作用，解析手法の基本的知識の修得」とされ，分光分析法として，紫外可視吸光度測定法，蛍光光度法，赤外・ラマン分光法，電子スピン共鳴法，旋光度測定法（旋光分散），円偏光二色性測定法を採り上げた．

C4「化学物質の性質と反応」の中では，化学物質の分離法や構造決定などに

利用される ^{1}HNMR, ^{13}CNMR, IR スペクトル, マススペクトルなどを採り上げた.

総合演習として, 代表的な機器分析法を用いた基本的な化合物の構造決定も収載した. 各章末には, 主要内容の理解を深めるために, 正誤問題を掲げてあるので, 当該事項をどの程度理解できたかを判断できよう.

本書は, CBT 対策と演習を念頭に置いた書籍であるが, 物理系教科を苦手とする薬学生諸氏には, 通常の機器分析授業の補足としても有用な補助的手段となろう.

本書の刊行にあたり, 種々, ご高配を賜った廣川書店社長廣川節男氏, 常務取締役廣川典子氏, ならびに編集部の野呂嘉昭氏, 荻原弘子氏に厚く御礼申し上げる.

平成 21 年 2 月

薬学教育研究会

目　次

第1章　分光分析法 …………………………………… *1*

- **1.1 紫外可視吸光度測定法**　1

  紫外可視吸光度測定法の原理を説明し，生体分子の解析への応用例について説明できる．

  化学物質の構造決定における紫外可視吸収スペクトルの役割を説明できる．

  - 1.1.1　原　理　1
  - 1.1.2　生体分子の解析への応用　15

- **1.2 蛍光光度法**　23

  蛍光光度法の原理を説明し，生体分子の解析への応用例について説明できる．

  - 1.2.1　原　理　23
  - 1.2.2　生体分子の解析への応用　37

- **1.3 原子吸光光度法**　43

  原子吸光光度法の原理，操作法および応用例を説明できる．

  - 1.3.1　原理，操作法および応用　43

- **1.4 発光分析法**　65

  発光分析法の原理，操作法および応用例を説明できる．

  - 1.4.1　原理，操作法および応用　65

- **1.5 赤外吸収スペクトル**　80

  赤外吸収スペクトルの概要と測定法を説明できる．

  赤外スペクトル上の基本的な官能基の特性吸収を列挙し，帰属することができる．

  - 1.5.1　赤外吸収スペクトルの概要と測定　80
  - 1.5.2　赤外吸収スペクトルの解析　84

1.6 旋光度測定法（旋光分散），円偏光二色性測定法，比旋光度　90
旋光度測定法（旋光分散），円偏光二色性測定法の原理と，生体分子の解析への応用例について説明できる．
　1.6.1　原　理　90
　1.6.2　生体分子の解析への応用　101

第2章　クロマトグラフィー ……………………………………………… *107*

2.1 クロマトグラフィーの種類，それぞれの特徴と分離機構　108
クロマトグラフィーの種類を列挙し，それぞれの特徴と分離機構を説明できる．

2.2 クロマトグラフィーの検出法と装置　116
クロマトグラフィーで用いられる代表的な検出法と装置を説明できる．

第3章　核磁気共鳴スペクトル ……………………………………………… *125*

3.1 原　理　125
核磁気共鳴スペクトルの原理を説明できる．
NMR スペクトルの概要と測定法を説明できる．

3.2 ^{1}H-NMR スペクトル　130
化学シフトに及ぼす構造的要因を説明できる．
有機化合物中の代表的な水素原子について，おおよその化学シフト値を示すことができる．
重水添加による重水素置換の方法と原理を説明できる．
^{1}H-NMR の積分値の意味を説明できる．
^{1}H-NMR シグナルが近接プロトンにより分裂（カップリング）する理由と，分裂様式を説明できる．
^{1}H-NMR のスピン結合定数から得られる情報を列挙し，その内容を説明できる．
代表的化合物の部分構造を ^{1}H-NMR で決定することができる．
　3.2.1　化学シフト　130
　3.2.2　重水素置換とシグナルの積分値　137

3.2.3 スピン-スピン結合　141
3.2.4 ^{1}H-NMR スペクトルの解析　149

3.3 ^{13}C-NMR スペクトル　153

^{13}C-NMR の測定により得られる情報の概略を説明できる．
代表的な構造中の炭素について，おおよその化学シフトを示すことができる．

第 4 章　質量分析法 ……………………………………… *159*

4.1　原　理　160

質量分析法の原理を説明できる．

4.2　マススペクトル　163

マススペクトルの概要と測定法を説明できる．
イオン化の方法を列挙し，それらの特徴を説明できる．
ピークの種類（基準ピーク，分子イオンピーク，同位体イオンピーク，フラグメントイオンピーク）を説明できる．
塩素原子や臭素原子を含む化合物のマススペクトルの特徴を説明できる．
代表的なフラグメンテーションについて説明できる．
高分解能マススペクトルにおける分子式の決定法を説明できる．
基本的な化合物のマススペクトルを解析できる．

4.2.1 マススペクトルの概要と測定法　163
4.2.2 イオン化法とイオン化の特徴　165
4.2.3 ピークの種類（基準ピーク，分子イオンピーク，同位体ピーク，フラグメントピーク）　170
4.2.4 塩素，臭素原子を含む化合物のマススペクトルの特徴　172
4.2.5 代表的なフラグメンテーションの概要　174
4.2.6 高分解能マススペクトルにおける分子式の決定　176
4.2.7 基本的な化合物のマススペクトルの解析　178

第 5 章　X 線結晶解析 ……………………………………… *183*

5.1　原　理　183

X線結晶解析の原理を説明できる．

第6章　総合演習（複合問題） ……………………………………… *187*

6.1　代表的な機器分析法を用いた基本的な化合物の構造決定　187

索　引 ……………………………………………………………… *195*

1 分光分析法

1.1 ◆ 紫外可視吸光度測定法

到達目標
紫外可視吸光度測定法の原理を説明し，生体分子の解析への応用例について説明できる．
化学物質の構造決定における紫外可視吸収スペクトルの役割を説明できる．

1.1.1 原理

1) 光の吸収

紫外線は約 200 〜 400 nm，可視光線は約 400 〜 800 nm の波長の電磁波で，光の吸収は，分子中の電子が基底状態から励起状態に遷移するときに見られる．電子遷移は，$\sigma \to \sigma^*$，$n \to \sigma^*$，$\pi \to \pi^*$，$n \to \pi^*$ 遷移の 4 種類が起こりうるが，吸収は，主に分子内の不飽和結合に存在する π 電子が関与する $\pi \to \pi^*$ 遷移に基づいている．

2) 透過度，透過率および吸光度

単色光がある物質の溶液を通過するとき，透過光の強さ(I)の入射光の強さ(I_0)に対する比率を透過度(t)といい，これを百分率で表したものを透過率(T)という．また，透過度の逆数の常用対数を吸光度(A)という．

3) Lambert-Beer の法則

光が溶液を通過するとき，溶媒や溶質による光の吸収の度合いは，光が通過する液層の長さと溶質の濃度および性質に関係し，吸光度(A)は溶液の濃度(c)および層長(l)に比例する．

$$\log \frac{I_0}{I} = k \cdot c \cdot l = A \quad (k \text{ は定数})$$

4) 比吸光度とモル吸光係数

l を 1 cm, c を吸光物質の濃度 1 w/v% の溶液に換算したときの吸光度を比吸光度 ($E_{1cm}^{1\%}$), l を 1 cm, C を濃度 1 mol/L の溶液に換算したときの吸光度をモル吸光係数 (ε) という.

$$E_{1cm}^{1\%} = \frac{A}{c(\text{w/v\%}) \times l} \qquad \varepsilon = \frac{A}{C(\text{mol/L}) \times l}$$

$E_{1cm}^{1\%}$ と ε の関係は次のように計算される.

物質の分子量を M とすると,

$$c(\text{w/v\%}) = c \text{ g/100 mL} = c \times 10 \text{ g/1000 mL}$$

であるから, モル濃度 $C(\text{mol/L}) = c \times 10/M$ となる. 上の二つの式から,

$$E_{1cm}^{1\%} \times c(\text{w/v\%}) = \varepsilon \times C(\text{mol/L})$$

となるので, $C(\text{mol/L}) = c \times 10/M$ を代入して整頓すると,

$$E_{1cm}^{1\%} = \varepsilon \times \frac{10}{M} \qquad \text{または} \qquad \varepsilon = E_{1cm}^{1\%} \times \frac{M}{10}$$

5) 紫外可視分光光度計

波長	紫外部 (200 ～ 400 nm)	可視部 (400 ～ 800 nm)
光源	重水素放電管	タングステンランプ またはハロゲンタングステンランプ
セル	石英製	ガラス製または石英製

6) 定量法

$E_{1cm}^{1\%}$ 値を利用して定量する方法 (絶対吸収法) と標準物質を用いる方法がある.

問題 1.1 光および光の吸収に関する次の記述のうち, 正しいものはどれか.

1 光のもつエネルギーは, 紫外線のほうが可視光線よりも小さい.
2 光を吸収した分子のもつ内部エネルギーの大きさは, 回転エネルギー＞振動エネルギー＞電子エネルギーの順である.
3 電子遷移として, $\sigma \to \sigma^*$, $n \to \sigma^*$, $\pi \to \pi^*$, $n \to \pi^*$ 遷移の 4 種類が起こりうる.
4 分子内に共役二重結合をもつ化合物の紫外線の吸収は, 主に

　　　　$\sigma \to \sigma^*$遷移に基づいている．
5　紫外可視分光光度計では，通常，遷移エネルギーの小さい$\pi \to \pi^*$および$n \to \pi^*$吸収帯は観察できない．

解説
1　短波長ほどエネルギーが大きいため，紫外線のほうが可視光線よりもエネルギーが大きい．
2　エネルギーの大きさは，電子エネルギー＞振動エネルギー＞回転エネルギーの順である．
3　有機化合物における紫外および可視領域の光の吸収は，分子中の電子が基底状態から励起状態に遷移するときに見られるが，この電子遷移には$\sigma \to \sigma^*$，$n \to \sigma^*$，$\pi \to \pi^*$，$n \to \pi^*$遷移の4種類が起こりうる．吸収は主に$\pi \to \pi^*$遷移（$n \to \pi^*$遷移は吸収が小さい）に基づいている．
4　$\sigma \to \sigma^*$および$n \to \sigma^*$遷移はエネルギーが大きく，紫外領域では起こりにくい．
5　紫外可視分光光度計は，通常，遷移エネルギーの小さい$\pi \to \pi^*$および$n \to \pi^*$吸収帯を観測する．

正解　3

問題1.2　紫外可視吸収スペクトルに関する次の記述のうち，**間違っている**ものはどれか．
1　外殻電子および分子軌道電子の状態遷移に基づく連続スペクトルである．
2　電子スペクトルともいう．
3　分子の電子エネルギー変化に加え，振動エネルギーと回転エネルギーの変化も反映される．
4　通常，横軸に波長，縦軸に吸光度をとると，幅の広い吸収帯を示す．
5　横軸は電子遷移が起こる確率，縦軸はその遷移が起こるエネルギーの大きさを示す．

解説
1. 紫外可視吸収スペクトルは，外殻電子および分子軌道電子の遷移に基づくものである．
2. 紫外および可視部の光の吸収は電子状態間の遷移を伴うので，紫外可視吸収スペクトルを電子スペクトルともいう．
3. 分子内を電子が移動することに起因するエネルギーが紫外可視吸収スペクトルとなる．分子の内部エネルギーは，回転エネルギーと振動エネルギーと分子軌道に分布する電子エネルギーの和であるので，電子の移動には回転エネルギーと振動エネルギーの変化も伴う．
4. 基底状態から励起状態への遷移では，少しずつエネルギーが異なる光が吸収されるため，広い範囲の波長にまたがる吸収帯となる．
5. 紫外可視吸収スペクトルの縦軸（吸光度）は電子遷移が起こる確率，横軸（波長）は，その遷移が起こるエネルギーの大きさを示す．

正解　5

問題 1.3 吸光度に関する次の記述のうち，正しいものはどれか．
1. 透過光の強さの入射光の強さに対する比率である．
2. 透過度の逆数の常用対数である．
3. 通例，波長 200 nm から 600 nm までの範囲で測定する．
4. 溶媒の種類に関係なく一定である．
5. 試料濃度に比例し，層長に反比例する．

解説
1. 透過光の強さ(I)の入射光の強さ(I_0)に対する比率を透過度(t)という．
2. 透過度(t)の逆数の常用対数を吸光度(A)という．
3. 吸光度は，通例，波長 200 nm から 800 nm（紫外部および可視部）までの範囲で測定する．
4. 吸光度の値は溶媒によって変動する．
5. 吸光度(A)は，試料濃度(c)と層長(l)との間で比例関係が成

立し,以下の式で示される.

$$A = k \times c \times l \quad \text{(Lambert-Beer の法則)}$$

ここで,k は比例定数であり,単位濃度,単位層長当たりの吸光度を表す.

正解 2

問題 1.4 紫外可視吸光度測定法に関する次の記述のうち,正しいものはどれか.
1 測定には,モノクロメーターを用いる分光光度計を使用する.
2 波長目盛の校正にはポリスチレン膜を用いる.
3 光源にタングステンランプを用いると,波長 200 nm から 800 nm までの範囲を測定することができる.
4 波長領域にかかわらず,測定にはガラス製セルを使用する.
5 一般に,蛍光光度法よりも感度が高い.

解説 1 測定には,モノクロメーターを用いる分光光度計または光学フィルターを用いる光電光度計を用いる.モノクロメーターは光源の連続光から非常に狭い波長範囲の光(単色光)を得る装置で,プリズム,回折格子またはそれらを組み合わせた機構である.

2 波長のずれは波長校正用光学フィルターを用いて校正する.ポリスチレン膜は,一般に赤外吸収スペクトル測定法において,波数校正のために用いられる.

3 光源として,紫外部測定には重水素放電管,可視部測定にはタングステンランプまたはハロゲンタングステンランプを用いる.

4 セルは,測定波長領域に吸収がないものが用いられる.ガラス製セルは 370 nm 以上の波長領域では吸収がない.したがって,紫外部の吸収測定には石英製セル,可視部の吸収測定にはガラス製のセルを用いる.

5 紫外可視分光光度計は光源,モノクロメーター,試料部,測光部,指示記録部の順に構成されており,これらが一直線上に存

在する.一方,蛍光分光光度計は,光源,励起光モノクロメーター,試料部,蛍光モノクロメーター,検出器から構成されており,蛍光モノクロメーターは励起光に対して直角方向に配置されている.そのため,蛍光光度法は,紫外可視吸光度測定法に比べて透過光,反射光,迷光などの影響が少なく,高感度である.

正解　1

問題 1.5 比吸光度($E_{1cm}^{1\%}$)およびモル吸光係数(ε)に関する次の記述のうち,正しいものはどれか.
1. 濃度 1 vol% の試料溶液の層長 1 cm での吸光度を,比吸光度という.
2. 濃度 1 mol/L の試料溶液の層長 1 cm での吸光度を,モル吸光係数という.
3. 比吸光度およびモル吸光係数は,波長によって変化しない.
4. 比吸光度およびモル吸光係数は,示性値として用いられない.
5. 比吸光度またはモル吸光係数があらかじめわかっている場合でも,試料物質の標準品は必要である.

解説
1. 実測した吸光度を,濃度 1 g/100 mL,層長 1 cm での吸光度に換算した値を比吸光度($E_{1cm}^{1\%}$)という.濃度は,容量パーセントではなく,質量-容量パーセント(w/v%)を用いる.
2. セルの層長を 1 cm,吸光物質の濃度を 1 mol/L の溶液で測定したときの吸光度に換算した値をモル吸光係数(ε)という.
3. 比吸光度およびモル吸光係数は,一定の波長での値であり,波長が変わると変化する.
4. 比吸光度およびモル吸光係数ともに測定条件が一定の場合,物質固有の値となるため,示性値として用いられる.
5. Lambert-Beer の法則から,試料の比吸光度またはモル吸光係数があらかじめわかっている場合には,一定の波長での吸光度を測定して定量することができる.その場合には,試料物質の標

準品は必要ではない．

正解　2

問題 1.6 ランベルト-ベールの法則によると，吸光度（A）は光の透過距離（l cm）と物質の濃度（c mol/L）に比例する．比例定数を ε とすると，A, c および ε の関係は次のどの式で表されるか．
1　$A = \varepsilon c l$　　2　$\varepsilon = A c l$　　3　$A = \varepsilon c / l$
4　$\varepsilon = A c / l$　　5　$A = \varepsilon l / c$

解説　吸光度（A）は，試料濃度（c）と層長（l）との間で比例関係が成立し，以下の式で示される．

$$A = \varepsilon \times c \times l \quad (\text{Lambert-Beer の法則})$$

ここで，比例定数 ε は，モル吸光係数である．

正解　1

問題 1.7 日本薬局方スルホブロモフタレインナトリウム（$C_{20}H_8OBr_4Na_2O_{10}S_2$：838.00）の定量法に関する次の記述の □ に入れるべき数値はいくらか．

「本品を乾燥し，その約 0.1 g を精密に量り，水に溶かし，正確に 500 mL とする．この液 5 mL を正確に量り，無水炭酸ナトリウム溶液（1→100）を加えて正確に 200 mL とする．この液につき，水を対照とし，紫外可視吸光度測定法により試験を行い，波長 580 nm 付近の吸収極大の波長における吸光度 A を測定する．スルホブロモフタレインナトリウム（$C_{20}H_8OBr_4Na_2O_{10}S_2$）の

$$量 (mg) = \frac{A}{881} \times \boxed{}$$

ただし，881 は波長 580 nm 付近の吸収極大の波長におけるスルホブロモフタレインナトリウムの比吸光度であり，用いたセルの層長は 1 cm であるとする．

1 10000   2 20000   3 100000
4 200000   5 400000

解説 秤量したスルホブロモフタレインナトリウムの量を s (g) とすると，試料溶液の濃度 c (w/v%) は，

$$c = s \times \frac{5}{500} \times \frac{1}{200} \times 100 = s \times \frac{1}{200}$$

であるから，$A = E_{1\,cm}^{1\%} \cdot c \cdot l$ より，

$$\frac{A}{E_{1\,cm}^{1\%}} = s \times \frac{1}{200} \times 1 \tag{1}$$

$$\therefore s\,(g) = \frac{A}{E_{1\,cm}^{1\%}} \times 200$$

g を mg に換算して，

$$s \times 1000\,(mg) = \frac{A}{E_{1\,cm}^{1\%}} \times 200 \times 1000 = \frac{A}{E_{1\,cm}^{1\%}} \times 200000$$

〔正解〕 4

問題 1.8 問題 1.7 において，層長 0.5 cm のセルを用いて吸光度を測定した場合， □ に入れるべき計算式の係数はいくらか．

1 10000   2 20000   3 100000
4 200000   5 400000

解説 問題 1.7 の解説の (1) 式より，

$$\frac{A}{E_{1\,cm}^{1\%}} = s \times \frac{1}{200} \times 0.5$$

$$\therefore s(\text{g}) = \frac{A}{E_{1\,\text{cm}}^{1\,\%}} \times 200 \times 2$$

$$s \times 1000\,(\text{mg}) = \frac{A}{E_{1\,\text{cm}}^{1\,\%}} \times 200 \times 2 \times 1000 = \frac{A}{E_{1\,\text{cm}}^{1\,\%}} \times 400000$$

正解　5

問題 1.9 ある医薬品（分子量：200）の 2.00 mg を水に溶かして正確に 50 mL とし，この水溶液につき層長 1 cm で波長 254 nm における吸光度を測定した．このとき得られる吸光度の値は次のどれか．ただし，この医薬品の水溶液の 254 nm における比吸光度 $E_{1\,\text{cm}}^{1\,\%}$ は 120 である．

1　0.160　　2　0.240　　3　0.320　　4　0.480　　5　0.960

解説　$(2.00 \times 10^{-3}\,\text{g}/50\,\text{mL}) \times 100\,\text{mL} = 4.0 \times 10^{-3} = 0.004\,\text{w/v}\%$

$A = E_{1\,\text{cm}}^{1\,\%} \cdot c(\text{w/v}\%) \cdot l = 120 \times 0.004 \times 1 = 0.480$

正解　4

問題 1.10 次の記述は，日本薬局方プロゲステロン（$C_{21}H_{30}O_2$：314.46）の定量法に関するものである．これについて問に答えよ．

「本品を乾燥し，その約 10 mg を精密に量り，エタノール（99.5）に溶かし，正確に 100 mL とする．この液 5 mL を正確に量り，エタノール（99.5）を加えて正確に 50 mL とする．この液につき，紫外可視吸光度測定法により試験を行い，波長 241 nm 付近の吸収極大の波長における吸光度 A を測定する．」

本品 10.10 mg を量り，定量法に従って操作したところ，測

定溶液の吸光度 A は 0.542 であった．本品のプロゲステロンの含量（％）として最も近い値はどれか．ただし，波長 241 nm 付近の吸収極大の波長におけるプロゲステロンの比吸光度 $E_{1\,\mathrm{cm}}^{1\%}$ は 540 であり，用いたセルの層長は 1 cm であるとする．

1　96.1　　2　97.2　　3　98.3　　4　99.4　　5　100.5

解説　試料溶液中のプロゲステロンの量を s（mg）とすると，エタノール（99.5）で溶解し，希釈して得られた測定溶液中の濃度は，

$$s \times \frac{1}{1000} \times \frac{5}{100} \times \frac{1}{50} \times 100 \;\; (\mathrm{w/v\%})$$

$E_{1\,\mathrm{cm}}^{1\%} = \dfrac{A}{c \cdot l}$ に代入すると，

$$540 = A \times \frac{10000}{s} \qquad \therefore s = \frac{A}{540} \times 10000$$

$A = 0.542$ より，試料溶液中のプロゲステロンの量は，

$$s = \frac{0.542}{540} \times 10000 = 10.04 \;\; (\mathrm{mg})$$

含量（％）は，

$$\frac{10.04}{10.10} \times 100 = 99.4 \;\; (\%)$$

正解　4

問題 1.11　あるポリペプチドは分子量 1150 で，280 nm におけるモル吸光係数は 5060 である．このポリペプチドの水溶液の同じ波長における吸光度を層長 1 cm で測定したところ，0.880 であった．この水溶液中のポリペプチドの濃度（w/v％）として，最も近い数値はどれか．

1　0.0002　　2　0.002　　3　0.02　　4　0.2　　5　2.0

解説

$$C \text{ (mol/L)} = \frac{0.880}{5060 \times 1} = 1.74 \times 10^{-4} \text{ (mol/L)}$$

したがって,

$$\frac{1.74 \times 10^{-4} \times 1150}{1000} \times 100 = 0.02 \text{ w/v\%}$$

正解　3

問題 1.12 ある有機化合物の紫外部吸収スペクトルは 240 nm にモル吸光係数 $\varepsilon_{max} = 1.0 \times 10^4$ の吸収極大を示した. 層長 1 cm のセルを用いて, この化合物の紫外部吸収スペクトルを測定したところ, 同じ波長における吸光度は 0.500 であった.
　この化合物の試料溶液中の濃度 (mol/L) はいくらか.

1　5.0×10^{-2}　　2　5.0×10^{-3}　　3　5.0×10^{-4}
4　5.0×10^{-5}　　5　5.0×10^{-6}

解説　$A = \varepsilon C l$ より $C = A/\varepsilon l$ であるから,

$$C \text{ (mol/L)} = \frac{0.50}{1.0 \times 10^4 \times 1} = 0.500 \times 10^{-4} = 5.0 \times 10^{-5} \text{(mol/L)}$$

正解　4

問題 1.13 ある医薬品 (分子量: 280) の 1.00 mg/100 mL のエタノール溶液につき, 日本薬局方一般試験法の紫外可視吸光度測定法により測定したところ, 波長 260 nm における吸光度は 0.560 であった. この医薬品の比吸光度 ($E_{1cm}^{1\%}$) はいくらか.

1　140　　2　280　　3　560　　4　780　　5　2800

解説　$c = 1.00 \text{ mg}/100 \text{ mL} = 1.00 \times 10^{-3} \text{ g}/100 \text{ mL} = 1.00 \times 10^{-3} \text{ w/v\%}$

$$E_{1cm}^{1\%} = \frac{A}{c \cdot l} \text{ であるから,}$$

$$E_{1\,\mathrm{cm}}^{1\%} = \frac{0.560}{1.00 \times 10^{-3} \times 1} = 0.56 \times 10^3 = 560$$

正解 3

問題 1.14 問題 1.13 において，この医薬品のモル吸光係数（ε）の値に最も近い数値はどれか．

1 2600   2 3900   3 5600   4 7800   5 15600

解説 $C = 1.00 \times 10^{-3}$ g/100 mL $= 0.01$ g/1000 mL $= 0.01/280$（mol/L）

$$\therefore \varepsilon = \frac{A}{C(\mathrm{mol/L}) \times l} = \frac{0.560}{0.01/280 \times 1} = \frac{0.560 \times 280}{0.01} = 15680$$

（別解）

$$\varepsilon = E_{1\,\mathrm{cm}}^{1\%} \times \frac{M}{10} = 560 \times \frac{280}{10} = 15680$$

正解 5

問題 1.15 次の記述は，日本薬局方ノルアドレナリンの純度試験に関するものである．製造中間体であるアルテレノンの許容限度はいくらか．ただし，アルテレノンの比吸光度 $E_{1\,\mathrm{cm}}^{1\%}$（310 nm）は 400 とする．

ノルアドレナリン　　　　アルテレノン

「アルテレノン　本品 50 mg を 0.01 mol/L 塩酸試液に溶かし，正確に 100 mL とする．この液につき，紫外可視吸光度測定法により試験を行うとき，波長 310 nm における吸光度は 0.1 以下である．」

1 0.025 % 以下　　2 0.05 % 以下　　3 0.25 % 以下

　　　　4　0.5 %以下　　　　5　2.5 %以下

解説　試料溶液中に含まれるアルテレノンの濃度 c(w/v%) は，層長 1 cm において，

$$c = \frac{0.1}{400} = 2.5 \times 10^{-4} \text{ w/v\%} = 2.5 \times 10^{-4} \text{ g/100 mL}$$

$$= 0.25 \text{ mg/100 mL}$$

したがって，本品中のアルテレノンの含量%は，

$$\frac{0.25 (\text{mg})}{50 (\text{mg})} \times 100 = 0.5 \%$$

正解　4

問題 1.16　次の記述は，日本薬局方メトキサレン（$C_{12}H_8O_4$：216.19）の定量法に関するものである．□□□に入れるべき最も適当な字句はどれか．

「本品及びメトキサレン標準品約 50 mg ずつを精密に量り，それぞれをエタノール（95）に溶かし，正確に 100 mL とする．これらの液 2 mL ずつを正確に量り，それぞれにエタノール（95）を加えて正確に 25 mL とする．更に，これらの液 10 mL ずつを正確に量り，それぞれにエタノール（95）を加えて正確に 50 mL とし，試料溶液及び標準溶液とする．試料溶液及び標準溶液につき，紫外可視吸光度測定法により試験を行い，波長 300 nm における吸光度 A_T 及び A_S を測定する．

　メトキサレンの量（mg）＝ $W_S \times$ □□□

W_S：脱水物に換算したメトキサレン標準品の秤取量（mg）」

1　A_S　　2　A_T　　3　$A_T \times A_S$　　4　A_S/A_T　　5　A_T/A_S

解説 標準溶液,試料溶液共に同じ操作により調製しているので,メトキサレンの量を W_T(mg) とすると,

$$W_S \cdots\cdots A_S$$
$$W_T \cdots\cdots A_T$$
$$\therefore \quad W_T = W_S \times A_T / A_S$$

正解 5

問題 1.17 次の記述はシアノコバラミン($C_{63}H_{88}CoN_{14}O_{14}P$:1355.37)注射液の定量法に関するものである。☐☐☐☐ に入れるべき最も適当な字句はどれか.

本品のシアノコバラミン($C_{63}H_{88}CoN_{14}O_{14}P$)約 2 mg に対応する容量を正確に量り,水を加えて正確に 100 mL とし,試料溶液とする.別にシアノコバラミン標準品約 20 mg を精密に量り,水に溶かし,正確に 1000 mL とし,標準溶液とする.試料溶液及び標準溶液につき,紫外可視吸光度測定法により試験を行い,波長 361 nm における吸光度 A_T 及び A_S を測定する.

シアノコバラミン($C_{63}H_{88}CoN_{14}O_{14}P$)の量(mg) = ☐☐☐

W_S:乾燥物に換算したシアノコバラミン標準品の秤取量(mg)

1 $\dfrac{A_T - A_S}{A_S}$ 2 $\dfrac{A_T}{A_S} \times 10$ 3 $\dfrac{A_T}{A_S} \times \dfrac{1}{10}$

4 $\dfrac{A_S}{A_T} \times 10$ 5 $\dfrac{A_S}{A_T} \times \dfrac{1}{10}$

解説 本品中のシアノコバラミン量を W_T(mg) とすると,試料溶液と標準溶液の濃度は,

$$W_T \times \frac{1}{100} \text{(mg/mL)}, \quad W_S \times \frac{1}{1000} \text{(mg/mL)}$$

である.吸光度は,それぞれ A_T, A_S であるから,

$$W_T \times \frac{1}{100} \quad \cdots\cdots\cdots \quad A_T$$

$$W_S \times \frac{1}{1000} \quad \cdots\cdots\cdots \quad A_S$$

$$\therefore \quad W_T = W_S \times \frac{A_T}{A_S} \times \frac{1}{10}$$

正解 3

1.1.2 生体分子の解析への応用

1) 吸収極大波長の移動

紫外・可視部における光の吸収は，主に分子内の不飽和結合に存在するπ電子が関与する$\pi \rightarrow \pi^*$遷移に基づいている．一般に，不飽和結合による共役系が長くなると，$\pi \rightarrow \pi^*$遷移に必要なエネルギーが小さくなり，吸収極大波長λ_{max}も長波長側に移動する．このようにλ_{max}が長波長側に移動することを**深色効果**（レッドシフト），反対に，短波長側に移動することを**浅色効果**（ブルーシフト）という．

2) 発色団と助色団の吸収

C＝C，C＝O，C＝N，N＝Oなどの不飽和結合は発色団といわれ，これらの結合をもつ分子は，紫外・可視部の光を吸収する．また，-NH$_2$，-OH，ハロゲンなどは助色団といわれる．発色団が分子に共役して結合したり，助色団が発色団と共役して結合したりすると，λ_{max}は長波長側に移動し，吸光度が増加する．

一方，発色団が孤立して存在する分子は共役をしていないので，発色団に固有の波長の光を吸収する．

ベンゼン環は200 nm以上に吸収帯があり，共役系が伸びると，λ_{max}は長波長側に移動する．

問題 1.18 紫外可視吸光度測定法による分子構造解析に関する次の記述のうち，正しいものはどれか．

1 不飽和結合が共役すると吸収極大波長は短波長側に移動する．
2 C＝C，C＝O，C＝Nなどの不飽和結合を助色団，-NH$_2$，-OH，ハロゲンなどを発色団という．
3 発色団の共役が長くなったり，助色団が発色団と共役して結合したりすると，吸収は短波長側に移動する．
4 一般に，発色団が同じ物質では吸収極大波長やモル吸光係数

はほぼ等しくなる．
5　深色効果は共役系が短くなるにつれて増加する．

解説
1　波長とエネルギーは反比例の関係にあるため，不飽和結合が共役するほど，π 軌道と π^* 軌道間のエネルギー差が小さくなり，吸収極大波長は長波長側に移動する．
2　C=C，C=O，C=N などの不飽和結合は発色団といわれ，これらを有する分子が共役すると，紫外・可視部の光を吸収する．$-NH_2$，$-OH$，ハロゲンなどは助色団といわれる．
3　発色団が共役して結合する，あるいは助色団が発色団と共役して結合すると，吸収は長波長側に移動し，吸収率も増大する．
4　一般に発色団が同じであれば吸収極大波長もモル吸光係数もほぼ同じになる．ただし，相互作用の強い置換基を有する化合物では発色団が同じであっても吸収極大波長にずれを生じ，モル吸光係数も影響されることがある．
5　吸収極大波長 λ_{max} が長波長側に移動することを深色効果といい，その程度は共役系が長くなるにつれて増加する．

正解　4

問題 1.19　紫外可視吸光度測定法に用いられる溶媒に関する次の記述のうち，正しいものはどれか．
1　トルエンなどの芳香族炭化水素が用いられる．
2　芳香族炭化水素を完全に除去したシクロヘキサン，イソオクタンなどの飽和炭化水素は，溶解性にすぐれた溶媒である．
3　エタノールは溶解性にすぐれるが，紫外部では透明性に問題があるため，可視部の測定に用いられる．
4　ベンゼンは，254 nm 付近に吸収極大波長をもつため，紫外部の測定に用いられる．
5　水は，紫外・可視部にわたって透明であり，そのまま，または適当な pH に調整して用いる．

解説

1 吸光度測定には，測定波長領域に吸収のない溶媒を選ぶ．トルエンは共役二重結合をもち，紫外部に吸収をもつため用いられない．

2 紫外可視吸収スペクトルの測定に最も理想的な溶媒は，芳香族炭化水素を完全に除去したシクロヘキサン，イソオクタンなどの飽和炭化水素であるが，これらの溶媒は溶解性に問題がある．

3 エタノールは溶解性にすぐれ，紫外・可視領域にわたって透明であるので，水と並んで最もよく使われる溶媒である．

4 ベンゼンなどの芳香族炭化水素は共役二重結合（π電子）を有しており，254 nm 付近に吸収極大波長をもつため，紫外部の測定の妨げとなる．

5 蒸留水またはイオン交換樹脂で精製した水は 200 〜 1000 nm にわたって透明であり，普通そのまま，または適当な pH に調整して多用されている．

正解　5

問題 1.20 紫外可視吸光度測定法による分子構造解析に関する次の記述のうち，正しいものはどれか．

1 1,3-ブタジエンのほうが 1,3,5-ヘキサトリエンよりも吸収極大波長は長波長側に現れる．

2 ケイ皮酸 cinnamic acid は，cis 異性体のほうが trans 異性体より吸収極大波長が長波長側に現れる．

ケイ皮酸

3 β-カロテンは，可視領域に吸収極大波長をもつ．

β-カロテン

4 アニリンは，塩酸よりも水酸化ナトリウム水溶液中のほうが

吸収極大波長が短波長側に現れる．
5　フェノールフタレインがアルカリ性溶液中で赤色を呈するのは，浅色効果によるものである．

解説　1　共役系が延長するほど吸収極大波長（λ_{max}）は長波長側に移動するので，1,3,5-ヘキサトリエン（λ_{max} 253，265 nm）のほうが 1,3-ブタジエン（λ_{max} 217 nm）より長波長側に λ_{max} が現れる．

2　ケイ皮酸の *trans* 異性体は，立体障害がなく，同一平面上に共役系が配置しやすいのに対し，*cis* 異性体は，立体障害から共役系がくずれ，λ_{max} が短波長側に移動する．

3　ニンジンなどに含まれる β-カロテンは，共役した二重結合を 11 個もち，青緑色領域（455 nm）の光を吸収するので，肉眼では黄橙色に見える．

4　アニリンは酸性溶液中ではイオン型であるが，アルカリ溶液中では分子型として存在する．このとき，アニリンの窒素の孤立電子対が芳香環の π 電子系との相互作用によって非局在化し，共鳴安定化するため，吸収極大波長が長波長側へ移動する．

5　フェノールフタレインはアルカリ側ではキノン形構造をとり，共役系が伸長されるため，赤色を呈する（深色効果）．

正解　3

問題 1.21 紫外可視吸光度測定法による生体分子の解析に関する次の記述のうち，正しいものはどれか．

1 フェニルアラニンの紫外吸収スペクトルは，フェニル基の σ 電子が基底状態から励起状態に遷移する現象に基づいている．
2 L-トリプトファンの紫外可視吸収スペクトルを測定する場合，ガラス製のセルを用い，光源には重水素放電管を用いる．
3 リボフラビンを波長 445 nm で吸光度を測定する際に使用される光源は，重水素放電管である．
4 核酸は紫外線を強く吸収し，260 nm 付近に吸収極大波長が現れる．
5 ニコチンアミドアデニンジヌクレオチド（NAD^+）が還元されて NADH になると，NAD^+ の 340 nm の吸収が消失する．

解説 1 紫外可視吸収スペクトルの電子遷移は主として $\pi \rightarrow \pi^*$ 遷移によるものである．したがって，フェニルアラニンにおける紫外線吸収も π 電子が基底状態から励起状態に移行する電子遷移に基づいている．

L-フェニルアラニン

2 L-トリプトファンは芳香族アミノ酸であり，インドール環をもつため 280 nm 付近に吸収極大が現れる．280 nm は紫外部領域であるため，石英製のセルを用い，光源には重水素放電管を用いる．

L-トリプトファン

3 445 nm は可視光領域であるため，光源にはタングステンランプを用いる．

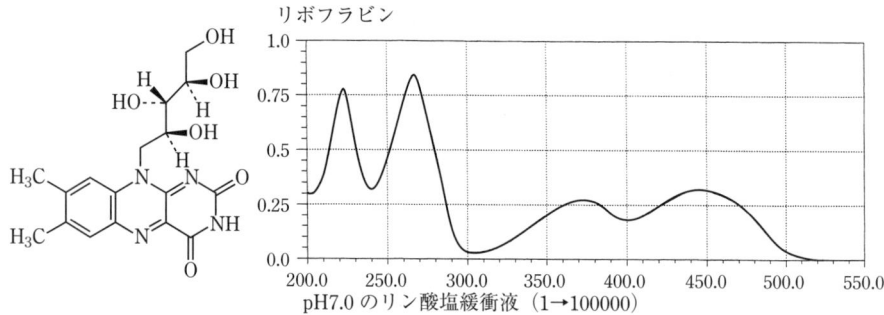

図 1.1 リボフラビンの構造と紫外可視吸収スペクトル

4 核酸はプリン塩基またはピリミジン塩基，ペントース，リン酸からなるヌクレオチドを基本単位として構成されている．核酸は紫外線を吸収し，260 nm 付近に吸収極大波長が現れる．これは，共役二重結合をもつプリン塩基またはピリミジン塩基に基づいている．

5 ニコチンアミドアデニンジヌクレオチド（NAD^+）およびニコチンアミドアデニンジヌクレオチドリン酸（$NADP^+$）は，核酸関連物質であり，脱水素酵素の補酵素として働く．NAD^+（または $NADP^+$）が脱水素酵素の基質によって還元されると，NADH（または NADPH）となり，340 nm に吸収を示す．

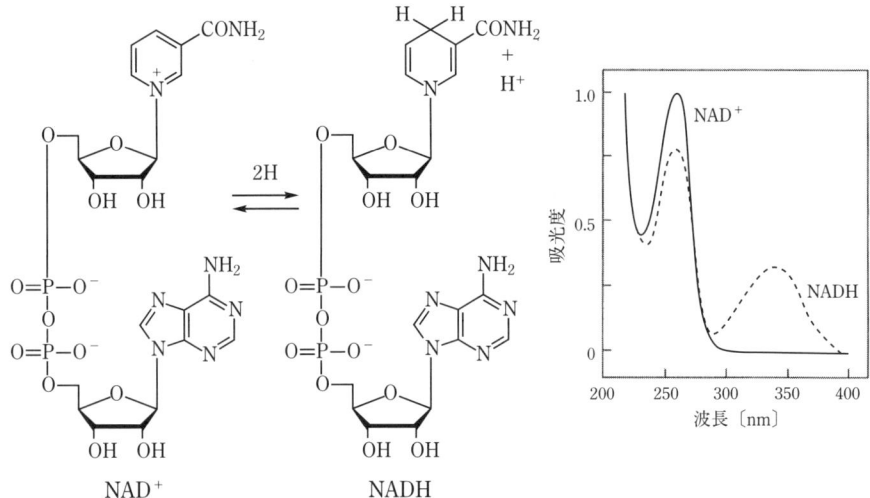

図 1.2 NAD$^+$, NADH の構造と紫外吸収スペクトル
(日本薬学会編 (2006) 物理系薬学Ⅲ. 生体分子・化学物質の構造決定, p.39, 図 6・6, 東京化学同人より引用)

正解　4

◆ 確認問題 ◆

次の文の正誤を判別し，○×で答えよ．

□□□ **1** 紫外および可視部の光の吸収は，主に分子中の σ 結合を形成する電子の遷移を伴う．

□□□ **2** 紫外可視吸光度測定法は，分子を構成する原子核間の振動状態の変化に伴う光の吸収を利用したものである．

□□□ **3** 基底状態の電子が紫外・可視光を吸収し，励起状態に遷移する際の吸収強度を，入射光の波長に対して測定する．

□□□ **4** 紫外および可視部の光の吸収は電子状態間の遷移を伴うので，紫外可視吸収スペクトルを電子スペクトルともいう．

□□□ **5** 比吸光度は，定量には利用されるが，定性には利用されない．

□□□ **6** ある物質の比吸光度とは，その物質の 1 g/L の溶液の吸光度である．

□□□ **7** 層長 l を 10 cm，吸光物質の濃度 C を 1 mol/L として換算したときの吸光度 A をモル吸光係数 ε という．

1. 分光分析法

☐☐☐ 8 ある試料の溶液について Lambert-Beer の法則が成り立つとき，濃度と吸光度との関係を示すグラフは直線性を示し，原点を通る．

☐☐☐ 9 目的とする波長の光を得るために，光学フィルターを用いた測定装置を光電光度計という．

☐☐☐ 10 光源として，紫外部の測定にはタングステンランプまたはハロゲンタングステンランプを用いる．

☐☐☐ 11 紫外部の測定には，石英製セルまたはガラス製セルを用いる．

☐☐☐ 12 日本薬局方の確認試験では，参照スペクトルや標準品のスペクトルが試料スペクトルと一致することで判定できる．

☐☐☐ 13 日本薬局方の確認試験では，試料から得られた吸収スペクトルの極大吸収波長が確認しようとする物質の医薬品各条に規定される吸収極大波長の範囲に含まれているだけでは同一性は確認できない．

☐☐☐ 14 定量では，検量線が原点を通る直線を示すことが確認されても，そのたびごとに検量線をつくり直さなければならない．

☐☐☐ 15 絶対吸光法では定量しようとする物質の純品が必要である．

☐☐☐ 16 不飽和結合による共役系が長くなると，$\pi \to \pi^*$ 遷移に必要なエネルギーは大きくなる．

☐☐☐ 17 発色団をもっている分子でも，共役していない場合は，光を吸収しない．

☐☐☐ 18 吸収極大波長 λ_{max} が短波長側に移動することを浅色効果という．

☐☐☐ 19 シクロヘキサン，イソオクタンなどの飽和炭化水素は，溶媒として吸収スペクトルの測定に汎用される．

☐☐☐ 20 物質によっては，溶媒の液性が変わると極大吸収波長 λ_{max} も移動する場合がある．

正 解

1	×	2	×	3	○	4	○	5	×	6	×	7	×
8	○	9	○	10	×	11	×	12	○	13	×	14	×
15	×	16	×	17	×	18	○	19	×	20	○		

1.2 ◆ 蛍光光度法

到達目標 蛍光光度法の原理を説明し，生体分子の解析への応用例について説明できる．

1.2.1 原理

ある種の物質（分子）を含む溶液に特定波長域の光を照射すると，この分子は照射された光のエネルギーを吸収して，エネルギー準位の低い安定な基底状態（基底一重項状態，S_0）から，よりエネルギー準位の高い不安定な励起状態（励起一重項状態，S_1）に遷移する．紫外可視吸光度測定法は，この光のエネルギーを吸収する性質を分析に応用したものである．多くの場合，励起された分子は，通常そのエネルギーを熱あるいは他分子との衝突などによって消失して，基底状態へと速やかにもどる．この過程を無放射遷移（無輻射遷移）という．しかしながら，ある種の分子では，吸収した光のエネルギーの大部分を再び光として放射（照射）して，基底状態へともどる．この過程を蛍光 fluorescence という．一般に，物質（原子または分子）が光，熱，電子線，化学反応などから発せられたエネルギーを吸収して励起状態となり，再び基底状態にもどるときに光を放射する現象を発光（ルミネッセンス luminescence）という．蛍光は，物質（分子）が光エネルギーを吸収して光を発する代表的な光ルミネッセンスである．また，ある種の物質（分子）では，励起状態（励起一重項状態，S_1）に遷移した後，いったんエネルギー準位の低い励起三重項状態（T_1）に移ることがある．これを系間交差（項間交差）といい，励起三重項状態から基底状態にもどる際に照射される光をリン光という．蛍光およびリン光は，いずれも蛍光分光光度計によって測

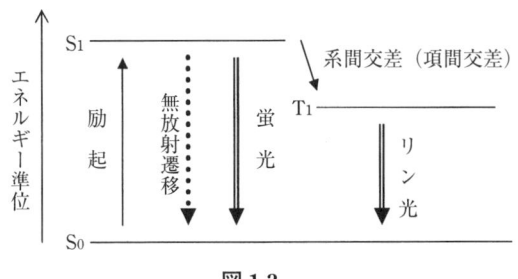

図 1.3

24　1. 分光分析法

定することができる．光エネルギーの吸収および発光の2種類のスペクトルが得られ，それぞれ励起スペクトルと蛍光スペクトルと呼ばれ，スペクトルの形と強度から物質の定性と定量ができる．紫外可視吸光光度法に比べて高感度・選択的であり，生体分子の解析に利用されている．

問題 1.22　蛍光光度法の原理について，正しいのはどれか．
1　原子が励起される際に吸収する光エネルギーを測定する．
2　放電によって励起された原子が，もとの基底状態にもどる際に発する光エネルギーを測定する．
3　分子が励起される際に吸収する光エネルギーを測定する．
4　化学反応によって励起された分子が，もとの基底状態にもどる際に発する光エネルギーを測定する．
5　光エネルギーによって励起された分子が，もとの基底状態にもどる際に発する光エネルギーを測定する．

解説
1　原子吸光光度法の原理を述べたものである．原子吸光光度法は，基底状態にある原子蒸気が光エネルギーを吸収して励起状態となるときに，吸収する光エネルギーの度合いを測定する分析法である．

2　励起状態から基底状態に遷移する際に光エネルギーを放射するのは蛍光と同じであるが，本文は，原子を対象とする発光分光分析法の原理を述べたものである．

3　分子を対象とする紫外可視吸光度測定法の原理を述べたものである．

4　化学発光法の原理を述べたものである．分子から光エネルギーが放射されて基底状態にもどるところは蛍光と同じであるが，蛍光光度法における励起エネルギーは光であり，化学発光法における励起エネルギーは化学反応エネルギーである．

5　正しい．蛍光光度法は，照射された励起光によりエネルギー準位の低い安定な基底状態（基底一重項状態，S_0）からエネルギー準位の高い不安定な励起状態（励起一重項状態，S_1）に励起

された分子軌道の電子が基底状態へと再びもどるときに発する蛍光を測定する方法であり,物質(分子)の定性・定量に応用できる.

正解 5

問題 1.23 蛍光を発する過程におけるエネルギー遷移として,正しいのはどれか.
1 基底一重項から励起一重項
2 励起一重項から励起三重項
3 励起一重項から基底一重項
4 励起三重項から基底一重項
5 基底三重項から励起三重項

解説 1 励起光を照射したときに発生するエネルギー準位の変化である.
2 このエネルギー準位の変化は,系間交差あるいは項間交差と呼ばれる.
3 正しい.蛍光は,励起一重項状態から基底一重項状態にもどる際に放射(輻射)される光である.
4 このエネルギー準位の変化は,リン光と呼ばれる.
5 このようなエネルギー準位の変化は存在しない.

正解 3

問題 1.24 光ルミネッセンスはどれか.
1 ガスバーナーの炎
2 蛍の光
3 ルミノールの発光
4 蛍光灯の光
5 ネオンサインの光

解説 1 熱エネルギーによる励起による発光であり，熱ルミネッセンスと呼ばれる．

2 バイオルミネッセンスと呼ばれる．生体内の化学反応による発光現象で，化学発光（ケミルミネッセンス）の一種である．

3 化学発光（ケミルミネッセンス）と呼ばれ，化学反応（ルミノールの酸化反応）によって励起状態の3-アミノフタル酸陰イオンが生成された後，この陰イオンが失活して基底状態にもどる際に光エネルギーが放出される現象である．

4 正しい．低圧の水銀放電管から照射された紫外線が，蛍光管の内側に塗ってある蛍光物質にあたり，可視光線に変換されて蛍光として放出される．

5 ガラス管内に封入された低圧のネオンに対して，管の両端につけた電極に数千ボルトの電圧をかけることで放電する．放電の熱により励起されたネオンから光が放出されるもので，熱ルミネッセンスの一種である．

正解　4

問題 1.25 分子を対象とする発光分析法はどれか．
1 紫外・可視吸光光度法
2 原子吸光光度法
3 赤外吸収スペクトル分析法
4 フレーム発光分析法
5 蛍光光度法

解説 1 分子を対象とし，紫外線あるいは可視光線の吸収を測定する吸光分析法である．

2 原子を対象とし，紫外線あるいは可視光線の吸収を測定する吸光分析法である．

3 分子を対象とし，赤外線の吸収を測定する吸光分析法である．

4 原子（金属元素）を対象とし，フレーム（炎）によって励起された励起状態の原子が基底状態にもどるときの放射光を測定す

る発光分析法である.
5 正しい.分子を対象とし,励起された分子が基底状態にもどるときの放射光を測定する発光分析法である.

正解 5

問題 1.26 蛍光光度法で最もよく用いられる光源はどれか.
1 重水素放電管
2 キセノンランプ
3 グローバ灯
4 タングステンランプ
5 中空陰極ランプ

解説 1 紫外部領域の吸光光度法で用いられる光源である.
2 正しい.通常,可視部から紫外領域にわたる連続スペクトルをもち,輝度が高く安定した励起光を照射するキセノンランプが用いられている.光源としては,他にレーザー,アルカリハライドランプなどが用いられる.
3 グローバ灯は棒状の炭化ケイ素で,赤外吸収スペクトル測定法で用いられる光源である.
4 タングステンランプあるいはハロゲンタングステンランプは,可視部領域の吸光光度法で用いられる光源である.
5 原子吸光光度法で用いられる光源である.

正解 2

問題 1.27 蛍光光度法で最もよく用いられるセルの材質はどれか.
1 石英
2 アルカリハライド
3 ガラス
4 プラスチック
5 液晶

解説 1 正しい．通例，層長 1 cm × 1 cm の四面透明で無蛍光な石英製のセルが用いられる．丸型セルあるいは三角形のセルも用いることができる．通常，四面セルの一方から励起光を照射し，セルの全方向（四方八方）に照射される蛍光のうち，直角方向に照射された蛍光が検出される．
2 KCl や KBr などのアルカリハライドは，赤外吸収スペクトル測定法におけるセルの材料として用いられている．
3 ガラス製セルは紫外線を吸収するので，紫外線領域の励起には使用できない．
4 プラスチックには，紫外線を吸収して蛍光を発するものがある．
5 液晶は，液体と結晶（固体）の中間状態にある材質である．液晶ディスプレイ，液晶パネルなどの材料となる．

正解　1

問題 1.28 蛍光光度法で用いられる検出器はどれか．
1 熱電対
2 光電子増倍管
3 電導度計
4 シンチレーション計数管
5 固体膜電極

解説 1 赤外吸収スペクトル測定法において用いられる検出器である．
2 光電子増倍管（ホトマル）は，光エネルギーを電気エネルギーに変換する変換器（トランスジューサー）で，光分析法（紫外可視吸光光度法，蛍光光度法，原子吸光光度法など）において用いられる検出器である．
3 導電率測定法などの検出器として用いられ，電気伝導度の変化を検出する．
4 X 線分析法（X 線回折分析，蛍光 X 線分析）において用いられる検出器である．
5 イオン選択性電極の一種で，ハロゲン陰イオンや金属陽イオン

の検出に用いられる．

正解　2

問題 1.29 蛍光スペクトルについて，正しいのはどれか．
1　蛍光極大波長は，一般に励起極大波長よりも短波長側にある．
2　蛍光スペクトルは，蛍光を蛍光極大波長に固定し，さまざまな励起光の波長を変化させて，蛍光強度を測定したスペクトルである．
3　蛍光極大波長と励起極大波長は厳密に一致する．
4　蛍光スペクトルの形状は，通例，励起スペクトルのほぼ半分の相似形となる．
5　蛍光スペクトルは多くの場合，励起スペクトルとほぼ合同の形状となる．

解説
1　一般に，蛍光のエネルギーレベルは励起光より低くなるため，蛍光極大波長は励起極大波長より長波長側にある．この関係をストークスの法則と呼ぶ．
2　蛍光スペクトルは励起光を励起極大波長に固定し，蛍光波長を変化させて蛍光強度を測定したスペクトルである．また，励起スペクトルは，蛍光を蛍光極大波長に固定し，励起波長を変化させて蛍光強度を測定したスペクトルである．
3　一般に，蛍光極大波長のほうが励起極大波長より長い．エネルギーは励起光のほうが高い（ストークスの法則）．
4，5　蛍光スペクトルと励起スペクトルが重なった中心部分のところで，両者はほぼ左右対称の形状となり，互いに鏡像関係になることが多い．

正解　5

1. 分光分析法

問題 1.30 蛍光およびリン光に関する記述について，正しいのはどれか．
1　蛍光は光ルミネッセンスで，リン光は熱ルミネッセンスである．
2　リン光は蛍光光度法を適用できない．
3　一般に，蛍光の極大波長はリン光の極大波長より長い．
4　エネルギーは，一般にリン光より蛍光のほうが大きい．
5　リン光は励起された状態からすぐに発光して基底状態にもどる．

解説
1　物質（分子）が光エネルギーを吸収して光エネルギーを放出する現象を光ルミネッセンスという．蛍光とリン光はいずれも光で励起され，光を放射する光ルミネッセンスである．
2　リン光も蛍光と同様に測定できる．
3　不安定な励起一重項状態から基底一重項状態に遷移する際に放出される光を蛍光という．また，いったん準安定な励起三重項状態に移行した後，基底一重項状態に遷移する際に放出される光をリン光という．エネルギー準位は，励起一重項状態より励起三重項状態のほうが低い．したがって，一般に，蛍光の極大波長はリン光の極大波長より短くなる．
4　正しい．一般に，蛍光はリン光よりエネルギーが大きく波長が短い．波長が短いほうが，エネルギーが大きい．
5　蛍光は励起されて励起一重項状態となった後に，直ちに基底状態にもどる際の発光であるが，リン光はいったん励起一重項状態から励起三重項状態に移った後に，基底状態にもどる際の発光である．励起一重項状態から励起三重項状態に移る過程を，系間交差（項間交差）という．

正解　4

問題 1.31 リン光に関する記述について，正しいのはどれか．
1　リン光は励起三重項状態から基底一重項状態に遷移する過程で放射（輻射）される光である．
2　リン光の寿命は一般に蛍光に比べて短い．

3 リン光では,励起光の照射を停止すると,放射光はただちに消える.
4 リン光の極大波長は,一般に蛍光の極大波長より短く,エネルギーも大きい.
5 励起一重項状態から励起三重項状態の遷移過程における電子スピンの状態に変化はなく,ともに逆平行である.

解説 1 正しい.リン光に対して蛍光は,励起一重項状態から基底一重項状態に電子遷移する過程で放射(輻射)される光である.
2 リン光の寿命は一般に,蛍光に比べて数桁長い.
3 蛍光では,励起光の照射を停止するとただちに放射光は消えるが,リン光ではある時間以上持続する放射光を発する.したがって,リン光では励起光源が除かれても,残光としてしばらくの間,感知することができる.
4 一般に,リン光の極大波長は蛍光の極大波長より長波長側に現れる.したがって,エネルギーも小さい.
5 基底一重項状態(S_0)から励起一重項状態(S_1)に励起される過程では,電子のスピン状態は同じで,ともに逆平行である.励起一重項状態から励起三重項状態(T_1)の遷移過程では,電子のスピン状態は変わり,平行となっている.

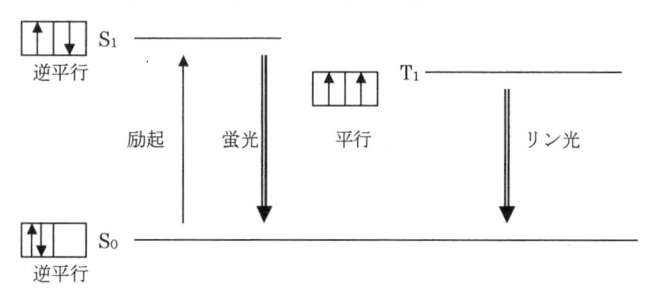

図 1.4

正解 1

32　1. 分光分析法

問題 1.32　蛍光光度法について，正しいのはどれか．
1　蛍光物質の測定条件を一定にすれば蛍光強度は常に励起光の強度と蛍光物質の濃度に反比例する．
2　蛍光強度を測定する場合，試料の濃度はできるだけ高いほうが定量性がよい．
3　ある蛍光物質の溶液が十分希薄であるとき，測定条件を一定にすれば蛍光強度は励起光の強度と蛍光物質の濃度に比例する．
4　蛍光強度は励起光の強さと濃度に比例し，層長に反比例する．
5　蛍光強度は，励起光の強さに比例し，励起光の波長におけるモル吸光係数に反比例する．

解説　1　希薄溶液では蛍光強度は励起光の強度と蛍光物質の濃度に比例する．
2　濃度が高いと濃度消光と呼ばれる現象で，蛍光が弱まる．蛍光は紫外可視吸光に比べ，かなり低濃度でのみ濃度と蛍光強度の比例関係が成り立つ．
3　溶液が希薄である場合，$F = kI_0 \Phi \varepsilon Cl$ の関係が得られる．F：蛍光強度，k：比例定数，I_0：励起光（入射光）の強さ，Φ：蛍光またはリン光の量子収率，ε：励起光の波長におけるモル吸光係数，C：溶液中の蛍光物質のモル濃度，l：層長．
4，5　蛍光強度は蛍光物質の濃度，励起光の強度，励起光の波長におけるモル吸光係数および層長に比例する．吸光光度法と同様に，Lambert-Beer の法則に従う．

正解　3

問題 1.33　蛍光光度法について，正しいのはどれか．
1　蛍光分析法の感度は，紫外可視吸光光度法とほぼ同程度である．
2　蛍光分析法の感度は，紫外可視吸光光度法より優れているが，選択性は劣る．
3　リン光分析は，蛍光分析より高感度な定量が可能である．

4 濃度が一定の蛍光物質の蛍光強度は，励起する波長に関係なく一定の値を示す．
5 定量においては，励起極大波長で励起し，蛍光極大波長で蛍光強度を測定する必要がある．

解説
1 蛍光光度法の蛍光分析およびリン光分析はともに，紫外可視吸光光度法より $10^3 \sim 10^5$ 倍の高感度な分析が行える．
2 蛍光分析法は，感度および選択性のいずれも紫外可視吸光光度法より優れている．蛍光分析では，励起光と蛍光の2つの波長を選択することができるので，選択性が増す．
3 リン光分析は発光時間が長いので，励起光を消して測定できることから光による妨害が少なく，蛍光分析よりさらに高感度な定量が可能である．
4 蛍光強度は，励起光（入射光）の強さに比例する．したがって，励起波長によって蛍光強度は異なる値を示す．
5 定量においては，励起極大波長と蛍光極大波長にこだわる必要はない．蛍光に及ぼす様々な影響を避けた条件下で，それぞれの波長設定を行って定量を行うことが可能である．

正解　3

問題 1.34 蛍光強度に及ぼす影響について，正しいのはどれか．
1 蛍光物質は光により蛍光強度が増加するため，できるだけ多くの励起光を照射して測定する必要がある．
2 蛍光強度は，溶媒の種類や溶液のpHにより影響されない．
3 蛍光強度は温度によって影響されない．
4 蛍光物質の蛍光強度は濃度によって影響されない．
5 蛍光強度が弱まる現象を消光という．

解説
1 蛍光物質は光により分解するものが多いので，測定中において必要以上に強い励起光や長時間にわたり光にさらすことは避け

なければならない.

2 蛍光は分子構造と関係するため, 蛍光物質が存在する溶媒の種類やpHによって蛍光は異なる. 分子の解離型, 非解離型の違いが, 蛍光性に影響する.

3 蛍光強度は温度によって影響され, 一般に温度の上昇とともに減少する傾向がある. これは温度の上昇とともに分子同士の衝突の機会が増すことによる.

4 蛍光物質がある濃度以上になると, 励起分子と未励起分子の間での衝突などによって蛍光強度が減少する. これを濃度消光という.

5 正しい. 蛍光強度に影響を与える主な要因には, 溶媒の種類, 共存物質, 温度, 光, 濃度, 吸着などがある. 励起分子に働いて, 消光（クエンチング）を生じる物質（分子）を消光剤（クエンチャー）という.

正解 5

問題 1.35 蛍光波長側に出現して, 蛍光測定を妨害する光散乱はどれか.
1 レイリー散乱
2 コンプトン散乱
3 ラマン散乱
4 トムソン散乱
5 ミー散乱

解説 1 蛍光測定において問題となる光散乱（光が粒子や媒質によって散乱される現象）は, レイリー散乱とラマン散乱である. レイリー散乱は, 励起光が溶媒中の主にごみ粒子によって散乱される. この場合, 散乱光の波長は励起光（入射光）と同一である.

2 X線やγ線のような高エネルギーの電磁波が, 粒子（電子）によって散乱され, 入射電磁波の波長よりも長い波長の散乱光が含まれる現象をいう.

3 ラマン散乱は, 励起光が測定する水や溶媒によって, 励起光

(入射光) とは異なる波長の散乱光を生じる現象で，通常，励起光より波長の長い蛍光側に出現する．この散乱光が蛍光測定において妨害となる．
4　X線が物質によって光散乱される現象のうち，波長変化の伴わないものをいう．
5　入射光の波長と同程度の粒子に当たったときに生じる光散乱をいう．例えば，太陽光が大気中のエアロゾルに衝突することによる光散乱などである．

[正解]　3

問題 1.36　蛍光光度法において，光の遷移現象と関係する重要な法則はどれか．
1　ストークスの法則
2　ボイル・シャルルの法則
3　ヘスの法則
4　ルシャトリエの法則
5　ヘンリーの法則

解　説　1　光エネルギーの遷移とは，光量子のエネルギー状態が変化することを意味する．蛍光光度法において，光の遷移現象に関係する重要な法則には，ランベルト・ベールの法則とストークスの法則がある．ランベルト・ベールの法則は紫外可視吸光光度法あるいは原子吸光光度法にも関係し，基底一重項状態から励起一重項状態に遷移する際のエネルギー状態の変化に関する法則で，ランベルトの法則は光エネルギーの吸収量が層長に比例することを示したものであり，ベールの法則は光エネルギーの吸収量が物質（分子）濃度に比例することを示したものである．
これに対して，ストークスの法則は，励起一重項状態から基底一重項状態にもどる際に，励起エネルギーの一部を熱エネルギーとして失った後に，発光して遷移を生じる現象である．したがって，一般に蛍光のエネルギーレベルは励起光より低くなる

ため，蛍光極大波長は励起極大波長より長波長側にある．この関係がストークスの法則である．
2 気体の状態方程式（$pV = nRT$）と呼ばれる法則で，理想気体の圧力（p），体積（V）と気体の物質量（n），気体定数（R），温度（T）の関係式を示す．
3 総熱量不変の法則のことで，反応熱に関する法則である．
4 化学平衡に関する法則である．
5 液体に溶けるときの気体濃度が，気体の分圧に比例することを示す法則である．

正解　1

問題 1.37 蛍光性を示す分子構造の特徴として，正しい記述はどれか．
1 分子中に二重結合をもつ共役π電子系は，通常，光エネルギーを吸収するので吸光性は高いが，蛍光性は低くなる．
2 二重結合が共役すると励起極大波長は長波長側へ移動して蛍光性を示す．
3 二重結合の共役π電子系があって分子が平面構造であると，蛍光性は低い．
4 多環芳香族炭化水素にアミノ基や水酸基を導入すると蛍光強度は減少する．
5 多環芳香族炭化水素にハロゲンやカルボキシル基などが結合すると蛍光強度は増大する．

解説 1 分子中に二重結合をもつ共役π電子系は，光エネルギーを吸収して励起される．したがって，吸光性は高い．通常，吸光性（モル吸光係数）の高い分子は，励起状態から基底状態にもどる際に，蛍光を発する場合が多い．
2 正しい．二重結合が共役すると，共鳴することで共鳴安定性が増して，エネルギー状態は低くなる．したがって，励起（吸収）極大波長は長波長側へシフトするとともに，蛍光強度も増す．

3 一般に，二重結合の共役 π 電子系が長くなって，かつ，分子が平面構造であると，蛍光性は高くなる．
4 水酸基やアミノ基などの電子供与性の置換基が導入されると，蛍光強度は増大する．
5 カルボキシル基，ニトロ基，ハロゲンなどの電子吸引性の置換基が導入されると，蛍光強度は減少する．

(正解) 2

1.2.2 生体分子の解析への応用

問題 1.38 自然蛍光を有する化合物はどれか．
1 ニコチンアミドアデニンジヌクレオチド（酸化型）
2 アスコルビン酸
3 カテコールアミン
4 スレオニン
5 コレステロール

解説 自然蛍光とは，化合物それ自身から発せられる蛍光のことをいう．
1 還元して，ニコチンアミドアデニンジヌクレオチド（還元型）の NADH に変化すると，UV（340 nm）に吸収をもち，自然蛍光も発する．
2 それ自身の蛍光性はない．デヒドロアスコルビン酸とした後，o-フェニレンジアミンと反応すると蛍光性をもつようになる（発蛍光反応）．
3 カテコールアミン，トリプトファン，リボフラビンなどは自然蛍光を有する．
4 芳香環を有するアミノ酸は蛍光性があるが，他のアミノ酸には蛍光性はない．
5 それ自身は蛍光性を有しない．クロロホルムに溶かし，硫酸を加えて振り混ぜると，硫酸層は緑色の蛍光を発する（サルコフスキー Salkowski 反応）．

38 1. 分光分析法

〔正解〕 3

問題 1.39 タンパク質の高次構造変化の追跡に応用されるアミノ酸はどれか.
1 フェニルアラニン
2 バリン
3 メチオニン
4 リジン
5 アスパラギン酸

解　説 自然蛍光をもつ芳香族アミノ酸のトリプトファン,チロシンおよびフェニルアラニンの蛍光強度は,タンパク質の高次構造の違いにより変化する.

〔正解〕 1

問題 1.40 非蛍光性のアミノ酸を,高感度に蛍光検出するための試薬はどれか.
1 ニンヒドリン試薬
2 フクシン亜硫酸試薬
3 エルマン試薬
4 ネスラー試薬
5 *o*-フタルアルデヒド試薬

解　説
1 ニンヒドリン試薬は,アミノ酸のポストカラム HPLC 誘導体化試薬で,蛍光ではなく,可視部の吸光度によって測定される.
2 フクシン亜硫酸試薬は,ホルムアルデヒドの検出用試薬である.
3 エルマン試薬は,チオール (-SH) 化合物の検出用試薬である.
4 ネスラー試薬は,アンモニアあるいはアンモニウムイオンの検出用試薬である.
5 *o*-フタルアルデヒド (OPA) 試薬は,チオール化合物存在下で,

アミノ酸と反応して，発蛍光性のイソインドール誘導体を生成し，ニンヒドリンよりも高感度に蛍光検出できる．アミノ酸の蛍光検出用の試薬には，その他にフルオレサミン，ダンシルクロリド（5-ジメチルアミノナフタレンスルホニルクロリド）などがある．

正解　5

問題 1.41　細胞内蛍光プローブのFura-2によって，どの金属が検出できるか．
1　亜鉛
2　マグネシウム
3　カルシウム
4　アルミニウム
5　水銀

解説　蛍光プローブとは，標的分子がどこにどの程度存在するかを検出することのできる蛍光試薬のことである．錯体を形成する有機金属試薬（キレート試薬）には，金属イオンとの間でキレートを形成することで，平面構造をとって強い蛍光を発するものが多い．Fura-2あるいはQuin-2は，カルシウムイオンと錯体を形成し，蛍光を発することから，細胞内のカルシウム濃度の測定に応用されている．

正解　3

問題 1.42　時間分解蛍光測定に応用されている元素はどれか．
1　セシウム（アルカリ金属元素）
2　ストロンチウム（アルカリ土類金属元素）
3　ユウロピウム（希土類元素）
4　ゲルマニウム（炭素族元素）
5　キセノン（希ガス元素）

解　説　時間分解蛍光測定法とは，蛍光物質に対して短時間の励起を行った後に，励起光の照射を停止して，停止後において持続して発光する長寿命の蛍光を一定時間連続して測定する方法である．希土類元素のユウロピウムやテルビウムの錯体は，著しく長寿命の蛍光を発する．

正解　3

問題 1.43　核酸検出用の蛍光性インターカレーターとして用いられるのはどれか．
1　緑色蛍光タンパク質
2　6-カルボキシフルオレセイン
3　フルオレセインジアセチル
4　ジアミノフルオレセイン
5　エチジウムブロマイド

解　説　1　緑色蛍光タンパク質（GFP，Green Fluorescent Protein）は，2008年度ノーベル化学賞を受賞した下村脩博士の発見したオワンクラゲ由来の蛍光タンパク質である．遺伝子工学的手法との融合により，諸種の細胞内タンパク質の生細胞内イメージングを可能とした蛍光レポータータンパク質である．

2　6-カルボキシフルオレセイン（6-FAM）は，Real-Time 定量用 PCR 法で用いられる蛍光標識用色素化合物である（蛍光プローブ法）．

3　細胞膜を通過して，細胞内エステラーゼによって分解され，細胞質内に蓄積して蛍光を発する．細胞の蛍光顕微鏡観察に利用される蛍光試薬である．

4　ジアミノフルオレセイン（DAF-2）の隣接する2つのアミノ基は，一酸化窒素（NO）と反応して，トリアゾール誘導体を形成して強い蛍光を発する．

5　エチジウムブロマイドは，DNAの二本鎖間に挿入（インターカレーション）される化合物（インターカレーター）であり，イ

ンターカレーションされると，赤橙色の強い蛍光を発する．核酸をアガロース電気泳動した後の蛍光検出などに利用されている．その他のインターカレーターに，アクリジンオレンジやチアゾールオレンジなどがある．

正解　5

◆ 確認問題 ◆

次の文の正誤を判別し，○×で答えよ．

1 物質が光のエネルギーを吸収する現象を光ルミネッセンスという．
2 蛍光は，励起された状態からいったん準安定なエネルギー状態となってから基底状態にもどるときの光で，励起光の照射を止めてもやや長い時間発光が続く．
3 基底状態から励起状態へと，エネルギー準位の変化を無放射遷移という．
4 一般に，蛍光はリン光より波長および発光時間が長い．
5 励起一重項状態から基底三重項状態への遷移を系間交差（項間交差）という．
6 リン光は励起された状態からすぐ発光して基底状態にもどり，励起光の照射を停止すると発光もただちに消失する．
7 蛍光光度法は，特定波長域の励起光を照射するとき，吸収される光の強度を測定する方法である．
8 蛍光光度法の光源には，通常，可視部から紫外領域にわたる連続スペクトルをもち，輝度の高い励起光を照射するキセノンランプが用いられている．
9 蛍光分光光度計の試料測定には，通例，四面透明のガラスセルが用いられる．
10 蛍光光度法における励起スペクトルは，励起光を励起極大波長に固定し，さまざまな蛍光波長における蛍光強度を連続的に測定したスペクトルである．
11 一般に蛍光極大の波長は励起極大の波長より短波長側にある．
12 ある蛍光物質の溶液が十分希薄であるとき，測定条件を一定にすれば蛍光強度は励起光の強度と蛍光物質の濃度に反比例する．

1. 分光分析法

- □□□ **13** 蛍光強度は一般に，温度の上昇とともに減少する傾向がある．
- □□□ **14** 二重結合が共役すると吸収極大は長波長側へ移動する．
- □□□ **15** 芳香族炭化水素にアミノ基や水酸基を導入すると，蛍光強度は増大する．
- □□□ **16** 励起光が測定溶媒中の微粒子によって散乱され，その散乱光が励起光と同一の波長である場合，ラマン散乱という．
- □□□ **17** トリプトファンは自然蛍光を有する．
- □□□ **18** フルオレセインイソチオシアネートは，アミノ酸の蛍光検出に応用できる．
- □□□ **19** テルビウム錯体は時間分解蛍光測定に応用できる．
- □□□ **20** アクリジンオレンジは核酸の蛍光検出に応用できる．

正 解

1	×	2	×	3	×	4	×	5	×	6	×	7	×
8	○	9	×	10	×	11	×	12	×	13	○	14	○
15	○	16	×	17	○	18	○	19	○	20	○		

1.3 ◆ 原子吸光光度法

到達目標 原子吸光光度法の原理, 操作法および応用例を説明できる.

1.3.1 原理, 操作法および応用

1) 原理と特徴

　光が原子蒸気層を通過するとき, 基底状態の原子が特有波長の光（紫外, 可視）を吸収する現象を利用する方法で, このときの吸光度は原子蒸気層中の被検元素量（濃度）に比例し, 紫外可視吸光光度法と同様にランベルト-ベールの法則が成立するため, 試料中の被検元素を定量することができる.

　原子が吸収する光のスペクトル（原子スペクトル）は, 外殻電子のエネルギー準位の遷移に基づき, 波長幅の狭い特定波長の光だけが吸収される不連続な輝線スペクトルとなるため, 定性分析には不向きである. この方法は元素分析法であり, 無機物質, 特に微量金属元素の定量分析に適しており, 感度はきわめて高く, 1 ppm あるいはそれ以下でも検出できる.

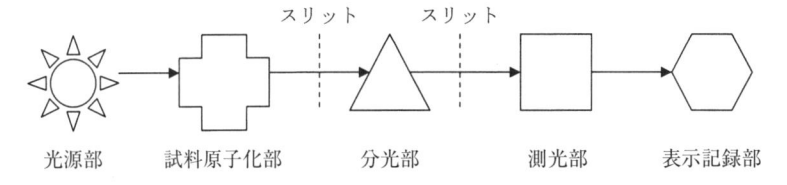

2) 装　置

```
光源部 → 試料原子化部 → スリット → 分光部 → スリット → 測光部 → 表示記録部
```

- **光源部**：中空陰極ランプ（ホロカソードランプ）または放電ランプ

　　電圧をかけてランプ中に入っている基底状態の金属原子を励起させ, これが基底状態に戻るときにその金属原子特有の光を発する. この光で励起できる金属原子は, 同じ金属原子だけなので, 中空陰極ランプ中には, 被検金属原子が入っていなければならない.

- **試料原子化部**：被検元素を基底状態の原子状に還元する.
  ① フレーム方式：可燃性ガス（プロパン, 水素, アセチレン）と支燃性ガス（空気, 亜酸化窒素, 酸素）を混合したバーナーのフレーム中に被検元素

を含む試料を霧状に噴霧して原子化する．
② 電気加熱方式：被検元素を含む試料を黒鉛炉で電気的に加熱して原子化する．試料は段階的に加熱され，乾燥（100 ℃），灰化（200〜500 ℃），原子化（2000〜2800 ℃）の過程を経る．迅速，簡便で試料が少量でよく，固体試料にも適用できる．
③ 冷蒸気方式：主に水銀に対して適応される（光源：低圧水銀ランプ）．無機水銀化合物を塩化スズ（II）で還元して金属水銀とする還元気化法と，試料を加熱管内で加熱分解して気化させる加熱気化法がある．
④ 水素化物生成方式：水素化ホウ素ナトリウム（$NaBH_4$）などの還元剤により水素化物として気化させ，これをフレームまたは電気加熱炉で原子化する．As，Bi，Ge，Pb，Sb，Se，Sn，Te などの水素化物を生成する元素に適用できる．

- **分光部**：干渉フィルターまたは回折格子（モノクロメーター）を用い，原子化部を通過した光の中から測定すべき目的波長の光だけを分離する．
- **測光部**：光電子増倍管を用いた検出器および信号処理系からなる．
- **表示記録部**：ディスプレイ，記録装置．
- **バックグラウンド補正部**：被検元素による吸収以外に他の分子による吸収がバックグラウンドとして観測される場合は，連続スペクトル光源方式，ゼーマン方式，非共鳴近接線方式，自己反転方式などにより補正を行う必要がある．

3）測定法

a. 試料の前処理

① 乾式灰化法，湿式灰化法，低温灰化法：試料中の有機物を分解する．
② 溶媒抽出法：微量金属を選択的にキレート抽出，濃縮して感度を上げる．
③ 共沈法：捕集沈殿剤を加えて目的物質を沈殿濃縮する．
④ イオン交換クロマトグラフィー：イオン交換樹脂を用いて，被検元素の金属イオンを濃縮する．

b. 測定条件の設定

① 原子化法の選択：測定対象のマトリックス，被検元素および必要感度に応じて，フレーム方式またはフレームレス方式を選択する．フレーム方式では，原子蒸気が効率よく生成するための可燃性ガスと支燃性ガスを選択する．被検元素の測定に最適な温度条件を設定する．

② 測定波長の選択：被検元素の分析線を選択する．
c. 定量法
① 絶対検量線法：3種以上の濃度の異なる標準溶液で，吸光度を測定し検量線（回帰線）を作成する．
② 標準添加法：同量の試料溶液3個以上をとり，それぞれに被検元素が段階的に含まれるように標準溶液を添加し，吸光度を測定する．
③ 内標準法：内標準元素の一定量に対し，標準被検元素の既知量を段階的に加え，それぞれの溶液について，各元素による吸光度を測定し，その比を求める．

d. 測定上の留意事項
干渉：実試料に共存する成分による妨害．その原因によって，分光学的干渉，物理的干渉，化学的干渉，イオン化干渉がある．
① 分光学的干渉：測定に用いる分析線が，他の近接線と完全に分離できないときや他元素の共存によって吸収される場合に生じる干渉．
② 物理的干渉：粘度，表面張力など，試料溶液の物理的性状によって生じる干渉．
③ 化学的干渉：酸化物生成などフレーム中で起こる化学反応により，被検元素の原子蒸気濃度が変化することにより生じる干渉．
④ イオン化干渉：アルカリ金属やアルカリ土類金属が高温フレーム中で一部イオン化するために生じる干渉．

4）応　用

前処理操作が簡単で，検出感度が優れていることから，希ガス，ハロゲン，水素，炭素，窒素，リン，イオウ，ラジウムを除く，ほとんどすべての元素の微量分析に用いられる．検出感度は，フレーム方式では測定試料濃度（ppb）で，電気加熱方式では1回当たりの注入量（pg）である．

a. 医薬品分析への応用
医薬品中の金属の定量や純度試験に用いられている．また，局方のプラスチック製医薬品容器試験法，輸液用ゴム栓試験法など，器材の一般試験法としても利用されている．

b. 臨床分析への応用
生体試料中の Mg，Ca，Fe，Zn，Cu などの必須元素の分析に用いられている．

c. 食品・環境分析への応用

公害分析法として，食品や環境中のHg，Cd，Pb，As，Crなどの分析に用いられている．

問題 1.44 原子吸光光度法の原理に関する記述のうち，正しいものはどれか．

1. 原子吸光光度法は，励起状態の原子が特有波長の光を吸収する現象を利用している．
2. 原子スペクトルは，外殻電子のエネルギー準位の遷移に基づく．
3. 原子スペクトルは，電子エネルギー遷移のほか，振動エネルギーや回転エネルギー遷移を伴うため，波長幅の広い連続スペクトルとなる．
4. 原子吸光光度法では，ランベルト-ベールの法則が成立しないため，定量には不向きである．
5. 原子吸光光度法は，すべての無機物質の分析に広く用いられる．

解説

1. 原子吸光光度法は，光が原子蒸気層を通過するとき，基底状態の原子が特有波長の光（紫外，可視）を吸収する現象を利用し，試料中の被検元素量（濃度）を測定する方法である．
2. 原子スペクトルは，基底状態の原子が光を吸収することにより，原子の外殻電子が高いエネルギー準位の空軌道に遷移して励起状態になることに基づいている．
3. 原子スペクトルでは，振動エネルギーや回転エネルギーの遷移は生じないため，紫外可視スペクトルのような連続スペクトルとはならず，波長幅の狭い特定波長の光だけが吸収される不連続な輝線スペクトルとなる．
4. 原子吸光光度法では，不連続な輝線スペクトルとなるため，定性分析には不向きである．一方，光が原子蒸気層を通過するときの吸光度は，原子蒸気層中の被検元素量（濃度）に比例し，紫外可視吸光光度法と同様にランベルト-ベールの法則が成立するため，被検元素を定量することができる．

5 原子吸光光度法は，無機物質，特に微量金属元素の定量分析に適しており，感度はきわめて高く，1 ppm あるいはそれ以下でも検出できる．しかし，希ガス，ハロゲン，水素，炭素，窒素，リン，イオウ，ラジウムなどには適用できない．

正解　2

問題 1.45 原子吸光光度法の装置に関する記述のうち，正しいものはどれか．

1 紫外可視吸光光度法と同様に 200 ～ 800 nm の波長の光を用いるため，光源には重水素放電管やタングステンランプが用いられる．
2 原子蒸気層に特定の波長の光を照射するため，干渉フィルターまたは回折格子（モノクロメーター）を用いて分光する必要がある．
3 原子化部で，被検元素は励起状態の原子状に還元される．
4 被検元素を原子化するためには，フレーム方式あるいは電気加熱方式により必ず加熱気化する必要がある．
5 原子吸光光度法は選択性が高いが，実試料を用いる場合，共存成分によるバックグラウンド吸収を補正するための装置を必要とする．

解説
1 紫外可視吸光光度法と同様に 200 ～ 800 nm の波長の光を用いるが，線幅が極めて狭い（2 pm 程度）被検元素の共鳴線を放出できるように，光源には被検元素の単体や合金が陰極に用いられる中空陰極ランプ（ホロカソードランプ）または放電ランプが用いられる．
2 光源から放出される光は線幅が極めて狭い輝線であるので，原子蒸気層に光を照射する際，分光する必要はない．
3 原子蒸気層に光を照射後，吸光度を測定するためには，数本からなる輝線の中から，測定に用いる特定波長の分析線を取り出す必要があり，干渉フィルターまたは回折格子（モノクロメー

48　1. 分光分析法

　　　　ター）を用いて分光しなければならない．
　　4　被検元素を原子化する方法として，フレーム方式，電気加熱方式，冷蒸気方式，水素化物生成方式などがあり，一般に加熱を伴うが，水銀は常温でも原子状態で存在しうるので，冷蒸気方式還元気化法で測定できるので，必ずしも加熱を必要としない．
　　5　原子吸光分析装置は，光源，原子化部，分光部，測光部，表示記録部から構成されるが，共存物質による分子吸収や光散乱に起因するバックグラウンド吸収を補正するために，バックグラウンド補正部を必要とする．

〔正解〕　5

問題 1.46　原子吸光光度法の光源として利用されるものはどれか．
1　重水素放電管
2　タングステンランプ
3　キセノンランプ
4　グローバーランプ
5　中空陰極ランプ

解　説　電磁波を用いる分析法において，それぞれの分析に適切な光源を用いる必要がある．
1　重水素放電管：紫外可視吸光光度法の紫外部吸収測定に用いる．
2　タングステンランプ：紫外可視吸光光度法の可視部吸収測定に用いる．
3　キセノンランプ：蛍光光度法の光源として用いる．
4　グローバーランプ：赤外吸収スペクトル法の光源として用いる．
5　中空陰極ランプ：原子吸光光度法の光源として用いる．
　　中空陰極ランプは，頭部に特殊ガラスまたは石英製の窓をもつガラス管で，中に陽極と中空円筒形の陰極を入れ，アルゴンまたはネオンを封入したものである．陽極にはタングステンのような揮発しにくい金属が用いられ，陰極には測定元素の単体（一元素型）または合金（多元素複合型）でつくられている．両

極間に高電圧をかけると,充填されている気体原子が陽極でイオン化され,陰極に引きつけられて陰極に衝突し,陰極表面の金属原子が気化する.この金属原子に高エネルギー気体原子が衝突することにより,金属原子は高いエネルギー準位に励起され,基底状態に戻るときにその原子に固有の輝線を放出するので,その光を光源として用いる.例えば,銅の陰極をもつランプからは銅の輝線だけが放射されるので,銅の分析に用いる.したがって,測定する金属ごとにランプを交換する必要がある.

正解 5

問題 1.47 原子吸光光度法の光源に関する記述のうち,正しいものはどれか.

1 原子吸光光度法では,輝線スペクトル光源を用いるので,紫外可視吸光光度法よりも高い検出感度が得られる.
2 中空陰極ランプの陽極は,被検元素の単体または合金でできている.
3 カドミウムとニッケルは分析線の波長が近いので,ニッケルの中空陰極ランプを用いて両元素の測定が可能である.
4 ヒ素やセレンなどの測定には,グロー放電を利用した無電極放電ランプが用いられる.
5 水銀の測定には,高圧水銀ランプが用いられる.

解説 1 原子吸光光度法では,線幅が極めて狭い(2 pm 程度)輝線スペクトル光源が用いられる.紫外可視吸光光度法で用いられる連続スペクトル光源を用いると,スリットを可能な限り狭くしても検出器に入る光の波長幅は 200 pm となり,線幅 2 pm の光が完全に吸収されたとしても,検出器に入る光量は 1 % 減少に過ぎず,1 % の変化を正確に測定することは困難なため,連続スペクトル光源では高い検出感度は期待できない.したがって,原子吸光光度法では,波長幅の狭い光を出すために,被検元素と同じ元素を発光体とする輝線スペクトル光源が用いられる.

50　1. 分光分析法

2　中空陰極ランプの陰極は，被検元素の単体または合金でできている．
3　各金属元素の分析線は，線幅が極めて狭い特有の波長をもつため，カドミウムは228.8 nm，ニッケルは232.0 nmと，分析線が異なれば同一のランプで測定することはできない．
4　ヒ素，セレン，アンチモンおよびテルルなどの測定には，無電極放電ランプが用いられるが，これはグロー放電ではなく，高周波誘導により原子を励起して発光させるランプである．
5　水銀のように沸点の低い元素では，低圧水銀ランプが用いられることもあり，冷蒸気方式で気化させた水銀の分析に用いられる．なお，高圧水銀ランプは，上水，排水処理や塗料などの重合反応に用いられる．

正解　1

問題 1.48　原子吸光光度法の原子化法に関する記述のうち，正しいものはどれか．
1　原子化法には，フレーム方式，電気加熱方式，冷蒸気方式がある．
2　試料が加熱燃焼されて，被検元素は基底状態の原子状に酸化される．
3　電気加熱方式は，黒鉛炉での加熱滞留時間が長いため，フレーム方式よりも感度が低い．
4　冷蒸気方式には，酸化気化法と加熱気化法がある．
5　水素化物生成法は，イオン化された原子や酸化物にも適用できる．

解説　1　原子化法として，試料をフレーム中に噴霧するフレーム方式と，フレームを用いない電気加熱方式や冷蒸気方式のフレームレス方式がある．

フレーム方式は，試料溶液を霧状にしてフレーム中に送り込む方式であり，フレームをつくるために，可燃性ガス（燃料ガ

ス）と支燃性ガス（助燃ガス）を必要とする．可燃性ガスと支燃性ガスの組合せで最高温度も異なる．フレームレス方式は，以下の3と4の解説参照.
2 原子吸光光度法では，被検元素は基底状態の原子状に還元される．
3 電気加熱方式では，黒鉛炉に注入された試料は，100℃で乾燥，200～500℃で有機物を灰化した後，2000～2800℃に急速に加熱することで，熱解離と黒鉛の還元作用により原子化する．試料を直接加熱炉に注入するので，少量の試料で分析でき，加熱滞留時間が長いため，フレーム方式よりも感度が10～100倍高い．固体試料にも適用できる．
4 冷蒸気方式：水銀に適用される原子化法であり，無機水銀化合物を塩化スズ（Ⅱ）で還元して金属水銀とする還元気化法と，試料を加熱管内で加熱分解して気化させる加熱気化法がある．
5 水素化物生成法は，水素化ホウ素ナトリウム（$NaBH_4$）などの還元剤により水素化物として気化させ，これをフレームまたは電気加熱炉で原子化する．フレーム中で原子化が困難な元素にも適用できるが，原子化できるのは基底状態の中性原子のみで，イオン化された原子や酸化物の分析には適用できない．

正解　1

問題 1.49 原子吸光光度法のフレーム方式の原子化法に関する記述のうち，正しいものはどれか．
1 フレームをつくるための可燃性ガスとして，メタンガスが用いられる．
2 フレームをつくるための支燃性ガスとして，亜酸化窒素が用いられる．
3 フレーム中で，炎の光により大部分の原子が励起される．
4 フレーム方式では，原子がフレーム中に滞留している時間が長い．
5 予混合型は，全噴霧型に比べ，光散乱の影響を受けやすい．

52　1. 分光分析法

解説　1　フレーム方式の原子化法は，試料溶液を霧状にしてフレーム中に送り込む方式であり，予混合型バーナーや全噴霧型バーナーがある．化学フレームをつくるために，可燃性ガスとしてプロパン，水素，アセチレンが，支燃性ガスとして空気，酸素，亜酸化窒素が用いられており，適用元素によってその組合せが使い分けられる．アセチレン－空気の組合せが最もよく使われており，最高温度は2300℃に達する．Al，Ba，Caなどの原子化されにくい元素には，より酸化力の強いアセチレン－亜酸化窒素の組合せが用いられ，最高温度は2955℃に達する．

2　正解．解説1参照．

3　原子化された基底状態の原子は，光源からの発光によって励起される．

4　フレーム方式では，試料溶液の一部しかフレームに達しない上，原子がフレーム中に滞留している時間が短いため，電気加熱方式より感度は低い．できるだけ粒子径の小さい霧をつくることと，原子化された被検元素の原子がフレーム中に長時間滞留することが重要である．

5　予混合型バーナーでは，噴霧された試料はディスパーサーでさらに細かい粒子のみが試料溶液を直接フレーム中に導入できるので少ない試料ですむが，全噴霧型バーナーでは，試料ミストが大粒となり光散乱の影響を受けやすい．

正解　2

問題 1.50　原子吸光光度法の電気加熱方式の原子化法に関する記述のうち，正しいものはどれか．

1　乾燥，灰化，原子化に必要な黒鉛炉の温度設定に時間がかかる．
2　原子蒸気が黒鉛炉全体で生成されるため，高密度の原子化が行える．
3　フレーム方式に比べ原子化効率がよく，測定精度もよい．
4　フレーム方式に比べ高感度であるが，共存成分の干渉を受けやすい．
5　試料量は少なくてよいが，固体試料には適用できない．

解説 1 電気加熱方式では，黒鉛炉に注入された試料を，100℃で乾燥，200〜500℃で有機物を灰化した後，2000〜2800℃に急速に加熱することで，比較的短時間に原子化できる．市販の機器では，乾燥，灰化，原子化のそれぞれの温度と時間のプログラム装置を備えており，試料を注入してスタートボタンを押すだけで自動的に測定できるようになっている．

2 試料を直接加熱炉に注入することにより，原子蒸気が黒鉛炉の限られた狭い場所で生成されるため，高い原子密度が得られ，フレーム方式よりも少量の試料で分析できる．

3 黒鉛炉での加熱滞留時間が長いため原子化効率がよく，フレーム方式よりも感度が10〜100倍高いが，精度はやや劣る．ただし，共存物質による干渉を受けやすいなどの問題がある．

4 正解．解説3参照．

5 フレーム方式では，フレーム中に試料を噴霧して導入し続けなければならず，液体試料に限られているが，電気加熱方式では，固体試料を直接導入して原子化できるので，生体試料の分析にも適用できる．試料量は，解説2の理由により，少なくてすむ．

正解 4

問題 1.51 原子吸光光度法のバックグラウンド補正として**利用されない**ものはどれか．

1 連続スペクトル光源方式
2 ゼーマン方式
3 フーリエ変換方式
4 非共鳴近接線方式
5 自己反転方式

解説 原子吸光光度法は，光源に被検元素の共鳴線を用いているので，選択性が高く，共存元素の影響を受けにくい．しかし，測光部で検出した光には，分光学的干渉による光散乱や分子吸収に起因するバックグラウンド吸収が含まれている．このようなバックグラウンド吸

収を補正する方法として，連続スペクトル光源方式，ゼーマン方式，非共鳴近接線方式，自己反転方式がある．光散乱は，予混合バーナーを用いて除けるが，分子吸収はバーナーやフレームの選択で除くことはできないため，補正が必要となる．

1 連続スペクトル光源方式では，中空陰極ランプ（原子吸収＋分子吸収）と重水素ランプ（分子吸収のみ）による同時測定を行い，前者の吸光度から後者の吸光度を差し引いて補正する．
2 ゼーマン方式では，原子化部に磁場をかけると，ゼーマン効果により吸光成分は磁場に平行な成分（原子吸収＋分子吸収）と垂直な成分（分子吸収のみ）に分裂するので，前者から後者の吸光度を差し引いて補正する．
3 フーリエ変換は，赤外吸収スペクトル法や核磁気共鳴スペクトル法で用いられる手法である．
4 非共鳴近接線方式では，2つの分光器を用いて共鳴吸収線と近傍波長の吸光度を交互に測定し，前者から後者の吸光度を差し引いて補正する．
5 自己反転方式では，中空陰極ランプに高電流を流すと，自己吸収によりスペクトル線は2つに分かれるので，低電流と高電流を交互に流してそれぞれの吸収シグナルを引き算して補正する．

[正解] 3

問題 1.52 原子吸光光度法の試料前処理に関する記述のうち，正しいものはどれか．

1 乾式灰化法は，高温，高圧下で加熱して，有機物を分解する方法である．
2 湿式灰化法は，硝酸や過塩素酸，硫酸などを用いて，比較的低温度で有機物を加熱分解する方法である．
3 低温灰化法は，高周波放電を用いて，常圧下低温度で有機物を分解する方法であり，分解時に金属元素の揮散が少ない．
4 キレート抽出法は，アルカリ金属が多量に共存する場合，使用できない．
5 溶媒抽出法では，溶媒で希釈されるため，感度の向上は期待

1.3 原子吸光光度法 55

できない.

解説

1 乾式灰化法は，試料を白金または石英製るつぼに入れ，電気炉中で常圧下 500 〜 600 ℃に加熱して，有機物を空気中の酸素で分解させる方法である．操作は簡単であるが，多くの金属元素がハロゲン化物，有機金属化合物などの形で揮散することがあり，加熱温度に注意する．

2 湿式灰化法は，試料に硝酸，硝酸 – 硫酸，硝酸 – 過塩素酸などを加え，比較的低温度で有機物を加熱分解する方法である．他の方法に比べて，灰化時間が短く，金属元素の揮散も少ないので，薬品，生体，食品，環境試料など，多くの分野で利用されている．ただし，酸を多く使用するため，必ず空試験を実施し，純度の高い酸を用いる．

3 低温灰化法は，石英製の皿を減圧容器内に入れ，高周波で原子状に活性化した酸素で有機物を分解する方法である．灰化温度は低いが，減圧下で灰化を行うので，揮散しやすい元素には注意が必要である．

4 微量金属を分析する場合，共存成分の干渉を避けたり，濃縮して感度を向上させるために，被検元素をキレート化合物として溶媒抽出する方法が用いられる．多量のアルカリ金属やアルカリ土類金属塩が共存している場合でも，これらの妨害を受けず，微量の金属元素を分析できる．

5 溶媒抽出法では，抽出に用いる有機溶媒を直接燃焼させると，ミストの細粒化などにより検出感度の向上が期待できる．

正解 2

問題 1.53 原子吸光光度法の定量法に関する記述のうち，正しいものはどれか．

1 絶対検量線法は，標準物質を用いず直接被検元素を測定するので，共存物質の妨害を受けるような測定溶液にも適用できる．

2 標準添加法は，試料溶液に標準物質を添加する方法であるが，

56 1. 分光分析法

　　　標準物質のみを用いた検量線が原点を通らない直線の場合には適用できない．
3　内標準法は，標準物質を用いるが，共存物質の妨害を受けるような測定溶液には有効ではない．
4　検量線は，少なくとも5種以上の濃度の異なる標準溶液から作成しなければならない．
5　原子吸光光度法では，被検元素に対する選択性が高く，試料中におけるその元素の化学形態を知ることができる．

解　説　原子吸光光度法の定量感度は，元素の種類，同じ元素でも原子化の方法，分析線の波長などによって異なる．また，原子吸光光度法では，流動している測定対象物を分析しているため，試料溶液の導入速度，ガス流量などを一定に保ち，既知量の標準物質で作成した検量線に基づいて定量が行われる．

1　絶対検量線法：3種以上の濃度の異なる標準溶液で，吸光度を測定し検量線を作成する．共存物質の干渉がない場合に適用される．
2　標準添加法：試料溶液に被検元素が段階的に含まれるように標準溶液を添加し，吸光度を測定する．共存物質による化学干渉を受けやすく，絶対検量線法による検量線が原点を通る直線の場合に適用される．
3　内標準法：内標準元素の一定量に対し，標準被検元素の既知量を段階的に加え，各元素の分析線で吸光度を測定し，被検元素量と内標準元素に対する被検元素の吸光度比から検量線を作成する．物理的干渉の影響を補正して測定精度を改善することができるので，共存物質の影響を受けにくい．
4　検量線は，少なくとも3種以上の濃度の異なる標準溶液から作成する．
5　原子吸光光度法は，被検元素をすべて原子状にしてから分析しているので，被検元素の総量は定量できても，試料中の化学形態を知ることはできない．抽出法やTLC，HPLCなどの分離分

析手段を併用しなければならない．

正解　2

> **問題 1.54** 原子吸光光度法の干渉作用として，一般的に**生じない**ものはどれか．
> 1　分光学的干渉
> 2　物理的干渉
> 3　化学的干渉
> 4　生物的干渉
> 5　イオン化干渉

解説　原子吸光光度法では，実試料に共存する成分による妨害が起こることがあり，その原因によって次の4つに分類される．

1　分光学的干渉：測定に用いる分析線が，他の近接線と完全に分離できないときや他元素の共存によって吸収される場合に生じる干渉．フレーム中で被検元素と共存するマトリックス成分が比較的耐熱性の分子を生成し，その分子の吸収帯が被検元素の吸収に重なることによる．また，比較的高濃度の溶液を噴霧したとき，原子化されていないミストや固体が光を散乱させるために生じる．

2　物理的干渉：粘度，表面張力など，試料溶液の物理的性状によって生じる干渉で，試料の吸い込み量が変化して噴霧効果が低下して，吸光度に影響を与える．

3　化学的干渉：酸化物生成などフレーム中で起こる化学反応により，被検元素の原子蒸気濃度が変化することにより生じる干渉．試料マトリックス成分の共存によって，被検元素の蒸発，気化，解離，原子化などの過程が複雑に変化し，原子化効率が変化することによる．

4　原子吸光光度法では，生物的干渉は生じない．

5　イオン化干渉：アルカリ金属やアルカリ土類金属が高温フレーム中で一部イオン化するために生じる干渉．これらの元素のイ

オン化電圧が低いために，測定する被検元素がほとんどイオン化してしまい，中性の原子が生成しにくいことによる．

正解　4

問題 1.55 原子吸光光度法における干渉に関する記述のうち，正しいものはどれか．
1. 分子吸収による干渉は，被検元素と共存成分の吸収帯が重なる場合に起こり，プラス誤差の要因となる．
2. 光散乱による干渉は，原子化の際，全噴霧型バーナーで細かいミストだけを燃焼させることで防止できる．
3. 物理的干渉の現れかたは，被検元素の種類によって異なる．
4. 化学的干渉の現れかたは，被検元素の種類や試料組成に依存しない．
5. イオン化干渉は共存成分の影響によるため，プラス誤差の要因となる．

解説 原子吸光光度法における干渉を防ぐためには，それぞれの干渉の原因に基づいて，さまざまな方法が用いられている．

1. 分光学的干渉は，光源の発光スペクトルの重なり，分子吸収，光散乱，フレーム自体の発光スペクトルなどによる．分子吸収による干渉では，被検元素と共存成分の吸収帯が重なるため，プラス誤差の要因となる．
2. 光散乱による干渉は，高濃度の溶液を噴霧したときに起こるが，予混合型バーナーで細かいミストだけを燃焼させることで防止できる．
3. 物理的干渉は，試料の粘度，表面張力などによって蒸発速度や霧化速度に変化が生じ，吸光度が変化することで，元素の種類には無関係である．標準溶液と試料溶液の液性をできるだけ同一にすることで防止できる．
4. 化学的干渉は，原子化での化学反応により基底状態原子の生成量が変化することにより生じる干渉で，被検元素の種類や試料

組成に依存する．フレームの選択，ミストの細粒化，燃焼温度の上昇，還元性の向上，キレート化合物にして共存物質との反応性を抑制することで防止できる．

5 イオン化干渉は，アルカリ金属やアルカリ土類金属が高温フレーム中でイオン化して，中性原子の生成量が減少するため，異常に低い吸光度を与える．イオン化干渉を防ぐには，低温のフレームを用いたり，被検元素以上にイオン化電圧が低い金属を共存させるなどの方法がある．

(正解) 1

問題 1.56 原子吸光光度法の操作法に関する記述のうち，正しいものはどれか．

1. 原子吸光光度法では，使用するガス，試薬や器具による影響は少ない．
2. フレーム方式で用いる可燃性ガスと支燃性ガスの混合比が一定であれば，流量が変わっても感度には影響はない．
3. バーナーに点火するときは，最初に支燃性ガスを流してから可燃性ガスを流して点火する．
4. バーナーを消火するときは，最初に支燃性ガスを止めてから可燃性ガスを止めて消火する．
5. 電気加熱方式では，乾燥，灰化，原子化にかかる時間が試料によって異なるので，温度の設定を手動で行う必要がある．

解説

1. 原子吸光光度法は，微量分析の1つであり，分析に当たっては，使用する試薬はもちろん，容器や器具からの汚染にも注意が必要である．
2. 原子吸光光度法による検出感度は，可燃性ガスと支燃性ガスの組合せ，その混合比や流量などによって大きく影響されるので，両ガスの混合比と流量を一定に保つ必要がある．
3. フレーム方式では，高圧ガス，爆発性ガス，有害ガスなどを取り扱うので，装置の設置場所，地震対策，高圧ガスの取扱いや

バーナーの点火と消火に十分注意しなければならない．点火前には，原子化部，接続部などのガス漏れがないこと，使用するバーナーヘッドに適するガス圧や流量であることを確認する．バーナーに点火するときは，初めに支燃性ガスを流してから可燃性ガスを流して点火する．
4 上記と同様の注意が必要で，バーナーを消火するときは，初めに可燃性ガスを止めてから支燃性ガスを止めて消火する．
5 原子吸光分析装置は，数〜 20 μL の測定試料を電気加熱炉に注入し，スタートボタンを押せば，温度と時間のプログラムに従って，乾燥，灰化，原子化が自動で行えるようになっている．

正解 5

問題 1.57 原子吸光光度法の応用に関する記述のうち，正しいものはどれか．
1 原子吸光光度法は，医薬品の確認試験や純度試験に用いられる．
2 原子吸光光度法は，検出感度が優れているので，医薬品中のすべての元素の微量分析が可能である．
3 原子吸光光度法は，プラスチック製医薬品容器中の微量金属試験法として用いられる．
4 原子吸光光度法は，タンパク質などの高分子成分を多く含む血清などの生体試料の分析には適さない．
5 原子吸光光度法は，選択性が高いため，環境試料，食品試料，生体試料などの実試料を直接用いて分析することができる．

解説
1 原子吸光光度法は，その測定原理から定性分析には不向きであるので，医薬品の確認試験には用いられない．
2 原子吸光光度法は，選択性が高く，検出感度が優れているが，すべての元素に適用できるわけではなく，希ガス，ハロゲン，水素，炭素，窒素，リン，イオウ，ラジウムは分析できない．
3 原子吸光光度法は，医薬品の純度試験や定量分析に用いられるだけでなく，プラスチック製医薬品容器試験法，輸液用ゴム栓

試験法など，器材の一般試験法としても利用されている．
4 原子吸光光度法は，血清中の亜鉛，尿中の水銀など生体試料中の構成成分や汚染成分の分析，食品中のミネラル成分，食品や環境中の汚染物質の分析など，広範囲の分野で利用されている．
5 原子吸光光度法を用いて環境試料，食品試料，生体試料などの実試料を分析する場合，直接分析することは難しく，一般的に有機物質や共存する妨害成分を除去したり，含有する微量元素を分離，濃縮するなどの前処理を行う必要がある．

正解 3

問題 1.58 次の日本薬局方医薬品と金属元素の組合せの中で，含有金属の定量法としてフレーム方式の原子吸光光度法が**適用されない**ものはどれか．
1 アルジオキサ ― Al
2 インスリン ― Zn
3 エルカトニン ― Ca
4 塩酸 ― Hg
5 金チオリンゴ酸ナトリウム ― Au

解説 水銀は，フレーム方式ではなく，還元気化法などの冷蒸気方式が適用される．原子吸光光度法を適用する主な医薬品を表に示す．

医薬品	試験項目	測定元素	原子化方式
アルジオキサ	定量法	Al	フレーム
インスリン	定量法	Zn	フレーム
エルカトニン	定量法	Ca	フレーム
塩酸	純度試験	Hg	冷蒸気
金チオリンゴ酸ナトリウム	定量法	Au	フレーム
酸化チタン	純度試験	Pb	フレーム
常水	純度試験	Zn, Ca, Cu, Pb	フレーム
水酸化ナトリウム	純度試験	Hg	冷蒸気
スルファジアジン銀	定量法	Ag	フレーム

医薬品	試験項目	測定元素	原子化方式
ゼラチン，精製ゼラチン	純度試験	Hg	冷蒸気
プレドニゾロン	純度試験	Se	フレーム
ポリスチレンスルホン酸カルシウム	定量法	K	フレーム
プラスチック製医薬品容器試験法		Pb，Cd	フレーム
輸液用ゴム栓試験法		Cd，Pb，Zn	フレーム

正解　4

問題1.59　日本薬局方プレドニゾロンの純度試験に関する次の記述の □ の中に入れるべき数値は，次のどれに最も近いか．

セレン　本品 0.10 g に過塩素酸/硫酸混液（1：1）0.5 mL 及び硝酸 2 mL を加え，水浴上で加熱する．褐色ガスの発生がなくなり，反応液が淡黄色透明になった後，放冷する．冷後，この液に硝酸 4 mL を加えた後，更に水を加えて正確に 50 mL とし，試料溶液とする．別にセレン標準液 3 mL を正確に量り，過塩素酸/硫酸混液（1：1）0.5 mL 及び硝酸 6 mL を加えた後，更に水を加えて正確に 50 mL とし，標準溶液とする．試料溶液及び標準溶液につき，水素化物生成方式原子吸光光度法で試験を行い，波長 196.0 nm で記録計の指示が急速に上昇して一定値を示したときの吸光度を測定し，それぞれ A_T 及び A_S とするとき，A_T は A_S より小さい（□ ppm 以下）．ただし，セレン標準液の濃度は 1.0×10^{-6} g/mL とする．

1　10　　2　20　　3　30　　4　40　　5　50

解説　溶液中のセレン濃度と吸光度は比例関係にあることから，試料溶液および標準溶液中のセレン濃度を求め，$A_T \leq A_S$ より $A_T = A_S$ のときのセレン含量を算出すればよい．プレドニゾロン中のセレン含量を X（g/g）とすると，

試料溶液中のセレン濃度 = X(g/g) × 0.10(g)/50(mL)
  = $0.002 \times X$(g/mL)

標準溶液中のセレン濃度 = 1.0×10^{-6}(g/mL) × 3(mL)/50(mL)

$$= 0.06 \times 10^{-6} (\text{g/mL})$$

$A_T = A_S$ のとき,試料溶液と標準溶液中のセレン濃度は等しくなるので,$0.002 \times X = 0.06 \times 10^{-6}$ より,

$$X = 30 \times 10^{-6} (\text{g/g}) = 30 \text{ ppm}$$

すなわち,本品中のセレン含量が 30 ppm 以下であれば局方医薬品として適合する.

正解 3

◆ 確認問題 ◆

次の文の正誤を判別し,○×で答えよ.

1 原子吸光光度法は,光が原子蒸気層を通過するとき,励起状態の原子が特有波長の光を吸収する現象を利用し,試料中の被検元素量(濃度)を測定する方法である.

2 原子吸光光度法による定量は,ランベルト-ベールの法則に基づく.

3 原子吸光光度法で観測する波長は,紫外可視光(200〜800 nm)である.

4 原子スペクトルは,紫外可視分光スペクトルと同様に連続スペクトルである.

5 原子吸光光度法は,定性および定量分析に用いられる.

6 原子吸光光度法の光源には,中空陰極ランプまたは放電ランプなどが用いられる.

7 中空陰極ランプには,被検金属元素が封入されている.

8 フレーム方式では,試料溶液をフレーム中に噴霧し,その吸光度を測定する.

9 電気加熱方式は,フレームを用いない方法で,固体試料にも適用できる.

10 一般に,フレーム方式のほうが電気加熱方式よりも感度が高い.

11 冷蒸気方式は,さらに酸化気化法および加熱気化法などに分けられる.

12 水素化物発生装置および加熱吸収セルは,水銀の定量に用いられる.

13 原子吸光光度法では,各原子に固有のものであるから,分光部は不必要である.

14 原子吸光光度法は,選択性が高いため,バックグラウンド補正を必要としない.

15 原子吸光光度法では,有機物を分解するために湿式灰化法や低温灰化法

64   1. 分光分析法

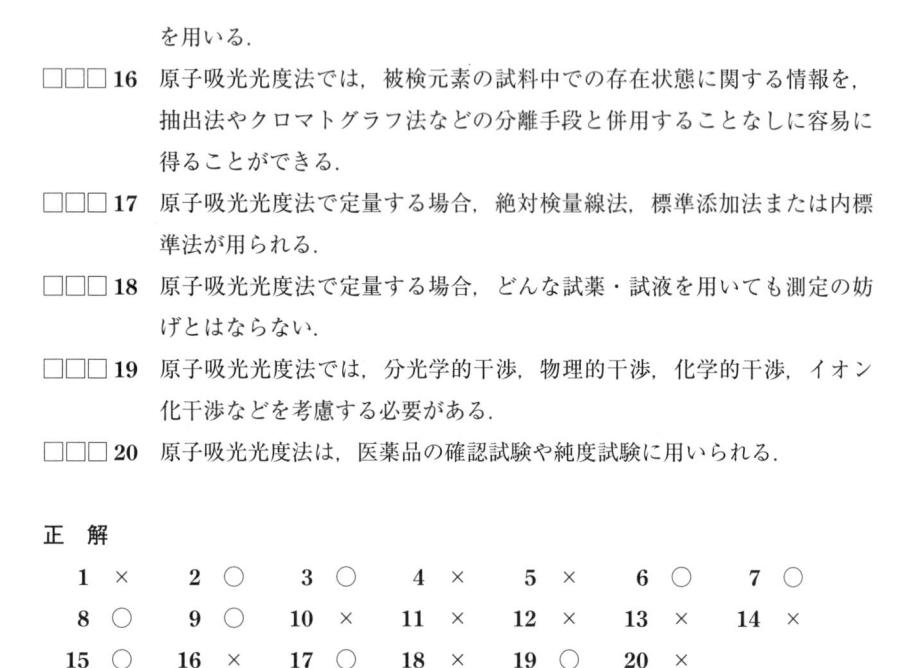

を用いる．

☐☐☐ 16 原子吸光光度法では，被検元素の試料中での存在状態に関する情報を，抽出法やクロマトグラフ法などの分離手段と併用することなしに容易に得ることができる．

☐☐☐ 17 原子吸光光度法で定量する場合，絶対検量線法，標準添加法または内標準法が用られる．

☐☐☐ 18 原子吸光光度法で定量する場合，どんな試薬・試液を用いても測定の妨げとはならない．

☐☐☐ 19 原子吸光光度法では，分光学的干渉，物理的干渉，化学的干渉，イオン化干渉などを考慮する必要がある．

☐☐☐ 20 原子吸光光度法は，医薬品の確認試験や純度試験に用いられる．

正 解

1	×	2	○	3	○	4	×	5	×	6	○	7	○
8	○	9	○	10	×	11	×	12	×	13	×	14	×
15	○	16	×	17	○	18	×	19	○	20	×		

1.4 ◆ 発光分析法

到達目標 発光分析法の原理,操作法および応用例を説明できる.

1.4.1 原理,操作法および応用

1) 原 理

金属元素は,フレーム(炎光),放電,プラズマなどにより気化して原子やイオンとなり,その最外殻電子は熱エネルギーを吸収して基底状態から励起状態に遷移する.しかし,短時間のうちにエネルギーを放出して再び励起状態から基底状態に戻るため,その際に生じる発光(原子発光)を金属元素の定性,定量に用いる.元素に固有な発光スペクトル線で定性を行い,発光強度と元素濃度の比例関係で定量を行う.

定量の際の共存物質による妨害(干渉)には,原子吸光光度法と同様に分光学的干渉,物理的干渉,化学的干渉,イオン化干渉などがある.

2) 分析法の種類

a. フレーム(炎光)分析法

励起に化学炎(例えば,空気-アセチレン)を用いる.定性は元素に固有な輝線スペクトルの波長,定量は発光強度により行う.化学炎の温度は2,000〜3,000 Kで他の発光分析法より低いが,アルカリ金属(Li, Na, K)やアルカリ土類金属(Ca, Sr, Mg, Ba)の測定には優れている.

日局XVの**炎色反応試験法**は医薬品の確認試験,純度試験に用いられ,**バイルシュタイン反応**はハロゲン(Cl, Br, I)と水素を含む有機化合物の定性に用いられる.

b. 放電発光分光分析法

励起にアーク放電,スパーク放電などを用いる.気体中に電流が流れることを放電という.鉄鋼,非鉄金属,無機製品などの分析に利用されている.

 i. アーク放電:2本の電極間に200〜300 Vの直流電圧をかける.温度は3,000〜6,000 ℃で,大部分の金属元素を原子化して発光させることができる.比較的高感度に測定できるが,揮発性の高い元素から順に気化(分別蒸留),発光しやすく,アークにゆらぎがあるため,定量には適さない.

ii. **スパーク放電**：温度は 6,000 ～ 10,000 ℃ で，アーク放電より高温である．金属元素は原子化を通り越してイオン化され，イオンからの発光によるイオン化スペクトル線が現れる．分別蒸留も起こりにくく，定量にも適しているが，感度が低い．

c. 高周波誘導結合プラズマ（ICP）発光分析法

励起にアルゴンガスから発生させた**高周波誘導結合プラズマ** inductively coupled plasma（**ICP**）を用いる．プラズマとは，自由に運動するプラスとマイナスの電子やイオンが共存し，そのバランスが電気的に中性になっている状態をいう．プラズマの温度は 6,000 ～ 10,000 K で，ほとんどの金属元素はイオン化される．生物試料や環境試料など，広い分野の試料の分析に用いられる．特徴は次の通りである．

長所：① ほとんどの元素を高感度（ppm ～ ppb）で定量でき，多元素同時測定が可能である．ハロゲン元素，希ガス元素，H，N，O などの測定は難しいが，原子吸光光度法では難しい P，B，S や I などを測定できる．また，他の発光分析法や原子吸光光度法では難しい希土類ランタノイド元素も測定できる．
② 検量線の直線範囲（ダイナミックレンジ）が 4 ～ 5 桁と広い．
③ 原子吸光光度法と比べて化学的干渉およびイオン化干渉が小さい．

短所：① アルゴンやマトリックス元素から発生するスペクトル線の重なりが原因の分光学的干渉がある．
② 試料の粘性や表面張力の違いに基づく噴霧量の変化により物理的干渉が生じることがある．
③ ウォーミングアップに時間がかかる．
④ アルゴンガスの消費量が多い（15 ～ 20 L/分）．

d. 高周波誘導結合プラズマ-質量分析（ICP-MS）法

プラズマ発生トーチでイオン化した金属元素（1 価の陽イオン M^+）をイオンレンズに通してプラズマ炎を発光する光と分離し，イオンビームとして質量分析計（MS）に導入する．特徴は次の通りである．

長所：① ほとんどの元素を ppt（10^{-12}）レベルで迅速に分析でき，ICP 発光分析法より 1 ～ 3 桁高感度である．
② 得られる質量スペクトルが単純で，ICP 発光分析法より元素の定性力が高い．
③ 同位体比の測定が可能である．

短所：① アルゴンガス由来の妨害イオンが出現するので，質量数 80 以下の元素の高感度な定量が困難である．
② H，O，N に由来するイオン（OH^+，H_2O^+，O^+，N^+ など）がバックグラウンドとして存在するので，これらの質量数と同じ質量の元素の検出が難しい．

問題 1.60 発光分析法に用いられる励起源は次のどれか．
1　中空陰極ランプ
2　重水素放電管
3　タングステンランプ
4　キセノンランプ
5　高周波誘導結合プラズマ

解説
1　原子吸光光度法で用いられる光源で，陽極と中空円筒型の陰極から成り，陽極はタングステン，陰極は測定元素の単体または合金でつくられる．
2　紫外可視吸光度測定法に用いられる光源で，紫外部（200〜400 nm）の吸光度測定に用いられる．重水素が電気的に励起され，基底状態に戻るときに放出する紫外線を利用する．
3　紫外可視吸光度測定法に用いられる光源で，可視部（400〜800 nm）の吸光度測定に用いられる．
4　通常，蛍光光度法に用いられる光源で，キセノンガスを封入したアークランプ（アーク放電を利用したランプ）である．
5　発光分析法に用いられる励起源で，プラズマは，誘導コイルに高周波を流して発生させた誘導磁場中で，電子とイオンがアルゴン原子と衝突することにより形成される．

正解　5

問題 1.61 発光分析法の原理に関する次の記述のうち，正しいものはどれか．

1 熱エネルギーを吸収して基底状態から励起状態に遷移した金属元素の原子やイオンが再び基底状態に戻る際に生じる原子発光を利用する．
2 光が金属元素の原子蒸気層を通過する際に基底状態の原子が光を吸収する現象を利用する．
3 π共役系をもつ物質の分子が光エネルギーを吸収して基底状態から励起状態に遷移した後，再び基底状態に戻る際に放出する光を利用する．
4 溶液中の物質が吸収する光の度合いの測定に，光を照射後透過して出てくる光を利用する．
5 偏光子に通して得られる特定の一平面を振動する光が物質によって偏光面を回転させられることを利用する．

解説 1 発光分析法

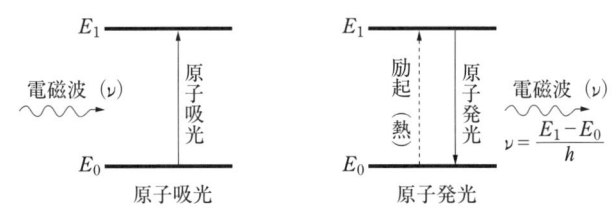

図 1.5 原子のエネルギー吸収と放出
E_1：励起状態の電子エネルギー，E_0：基底状態の電子エネルギー
(山口政俊, 升島 努, 斎藤 寛, 能田 均編集 (2007) パートナー分析化学Ⅱ, p.33, 図1-22, 南江堂より一部変更して引用)

$$\nu = \frac{E_1 - E_0}{h}$$

2 原子吸光光度法
3 蛍光光度法
4 紫外可視吸光度測定法
5 旋光度測定法

[正解] 1

1.4 発光分析法

問題 1.62 発光分析法の励起源に関する次の記述のうち，**間違っている**ものはどれか．
1 フレーム（炎光）にはアセチレン‐空気の化学炎が用いられる．
2 グロー放電からさらに電流を増加させると，アーク放電となる．
3 アーク放電での発光は，主としてイオンによるものである．
4 スパーク放電はアーク放電より高温になる．
5 高周波誘導結合プラズマの形成にはアルゴンガスが用いられる．

解説 1 原子吸光光度法と同じで，主にアセチレン‐空気が用いられる．他にプロパン‐空気，都市ガス‐空気も用いられる．

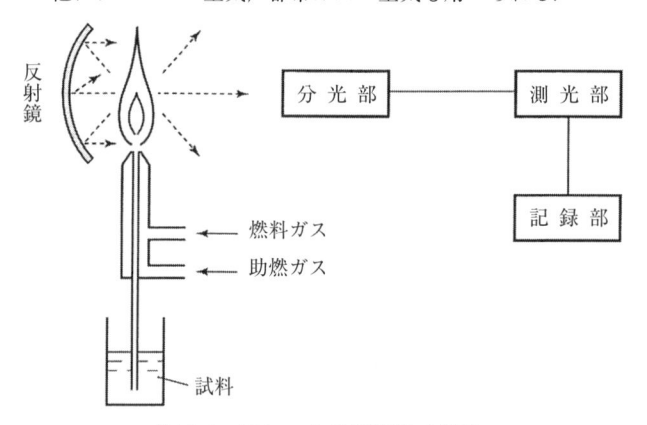

図 1.6 フレーム分析装置の構成
（日本分析化学会九州支部編（2003）機器分析入門 改訂第3版，p.114, 図6.25, 南江堂より引用）

2 グロー放電の電流が増加するとアーク放電に遷移する．グロー放電を利用したものにネオンサインがある．
3 アーク放電での発光は，主として原子によるものである．
4 アーク放電は3,000 ～ 6,000 ℃，スパーク放電は6,000 ～ 10,000 ℃である．アーク放電が主として原子による発光であるのに対し，スパーク放電は原子を通り越してイオンが発光する．
5 プラズマは，一定量の電子とアルゴンイオンが発生すると形成

される.

正解　3

問題 1.63　フレーム（炎光）分析法に関する次の記述のうち，正しいものはどれか.
1　液体試料ばかりでなく固体試料にも用いられる.
2　アルカリ金属やアルカリ土類金属が測定できる.
3　試料中の共存物質の干渉が少ない.
4　化学炎中での測定元素の原子化率は一定ではない.
5　原子発光の自己吸収が起きないので，検量線の直線範囲が広い.

解説　1　試料溶液を霧状にして炎に導入するので固体試料をそのまま適用することはできない.
2　フレーム分析法の特徴で，アルカリ金属（Li, Na, K）およびアルカリ土類金属（Ca, Sr, Mg, Ba）の定量法として優れている.
3　原子吸光光度法と同様に共存物質の干渉を受ける.主な干渉は次の通りである.
　i.　分光学的干渉 …… 発光スペクトルの重なりなど.
　ii.　物理的干渉 …… 測定元素の種類に無関係で，試料の粘度，表面張力などが炎中で変化するため蒸発速度，霧化速度に影響して発光条件が変わる.
　　例）ナトリウムは発光時に放出されたエネルギーが別のナトリウム原子に吸収され，**自己吸収**が起こる.
　iii.　化学的干渉 …… 測定元素の原子化の際に化学反応が起こる.
　　例）リン酸塩が共存するとカルシウムの発光強度が低下する（難分解性のリン酸カルシウムが生成するため）.
　iv.　イオン化干渉 …… 測定元素の一部が炎中でイオン化する.
　　例）カリウムは低濃度でイオン化して，検量線からずれる.
4　発光強度は励起状態の原子数に比例するので，化学炎の温度が一定であれば測定元素の化学炎中での原子化率は一定となる.

発光強度 I_e は試料濃度 C に比例する．

$$I_e = aC \quad (a は比例定数)$$

5　高濃度では原子化した試料によって原子発光の自己吸収が起こるので，発光強度が頭打ちになる．

正解　2

問題 1.64　放電発光分光分析法に関する次の記述のうち，正しいものはどれか．

1　アーク放電，スパーク放電ともにほとんどの金属元素を発光させることができる．
2　アーク放電は，スパーク放電に比べてイオン化スペクトル線が強く現れる．
3　スパーク放電は，アーク放電に比べて高感度に測定できる．
4　スパーク放電は，アーク放電に比べて揮発性の高い元素から順に気化が起こりやすい．
5　アーク放電は，スパーク放電より定量に適している．

解説

1　フレーム（炎光）分析法に比べて高温なため，大部分の金属元素を発光させることができる．**アーク**とは，気体中においた一対の電極間に定常放電を生じさせたものをいう．また，**スパーク**とは，コンデンサーに充電した電荷を電極間隙で放電させ，電流密度の高い状態を形成したものをいう．放電発光分光分析法は，主に固体および粉末試料に対して用いられる．液体試料では，感度，精度ともに ICP 発光分析法のほうが優れている．

2　アーク放電では測定元素は主に原子化されるが，スパーク放電はアーク放電よりさらに高温なため，原子を通り越してイオンとなり，その結果，イオン化スペクトル線が現れる．

3　スパーク放電はアーク放電に比べて感度が低い．

4　アーク放電では揮発性の高い元素から順に気化が起こりやすいが（分別蒸留），スパーク放電は高温なので，分別蒸留が起こりにくい．

5 スパーク放電は定量に適しているが，アーク放電はアークにゆらぎがあるため，定量には適さない．

【正解】 1

問題 1.65 高周波誘導結合プラズマ（ICP）発光分析法に関する次の記述のうち，正しいものはどれか．
1 金属元素（M）はプラズマ中でM$^+$となるため，プラズマは全体として電気的に負に帯電する．
2 ほとんどの金属元素は原子化される．
3 分光学的干渉や物理的干渉を生じることがある．
4 希ガス元素やH，N，Oの測定が可能である．
5 原子吸光光度法では難しいP，B，Sは測定できない．

解説 1 金属元素はM$^+$となるが，プラズマはプラスとマイナスの荷電粒子が巨視的には電気的に中性となって共存している状態をいう．
2 ICP発光分析法では，ほとんどの金属元素はイオン化される．
3 アルゴンやマトリックス元素から発生するスペクトル線の重なりが原因の分光学的干渉，試料の粘性，表面張力の違いから発生する噴霧量の変化が原因の物理的干渉が生じることがある．
4 ハロゲン元素，希ガス元素，H，N，Oなどの測定は難しい．
5 原子吸光光度法では難しいP，B，S，Iなどを測定できる．

【正解】 3

問題 1.66 高周波誘導結合プラズマ（ICP）発光分析装置に関する次の記述のうち，**間違っている**ものはどれか．
1 ICP発光分析法の検出限界や精度は試料導入装置に依存する．
2 液体試料をプラズマガスと混合して装置に導入する．
3 プラズマ発生用トーチは石英製である．
4 発光の検出には分光器が必要である．
5 誘導コイルには高周波電流を流す．

1.4 発光分析法

解説 1 ICP発光分析法の検出限界や精度は，試料を噴霧して霧状にするネブライザーを含む試料導入装置に依存している（図1.7）．

2 液体試料はエアゾル状とされた後，キャリアーガスによってプラズマ内に導入される．

3 プラズマ発生用トーチは三重管構造の透明石英管で，アルゴンガスを三流路から流す．三流路のガスはそれぞれ，**プラズマガス**，**補助ガス**，**キャリアーガス**と呼ばれる（図1.8）．

4 発光分析法では多数の原子スペクトル線の分離に分光器を使用する（図1.9）．ツェルニ・ターナー型モノクロメーター（図1.10A）やパッシェル・ルンゲ型ポリクロメーター（図1.10B）が知られている．

5 2～4回巻かれた誘導コイルには，27.1 MHz，約1.4～3.0 kWの高周波電力が供給される．

正解 2

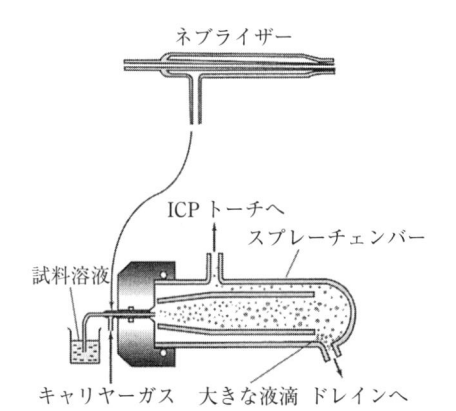

図1.7 ネブライザーとスプレーチャンバー
（萩中 淳編（2007）分析科学，p. 152，図7.16，化学同人より引用）

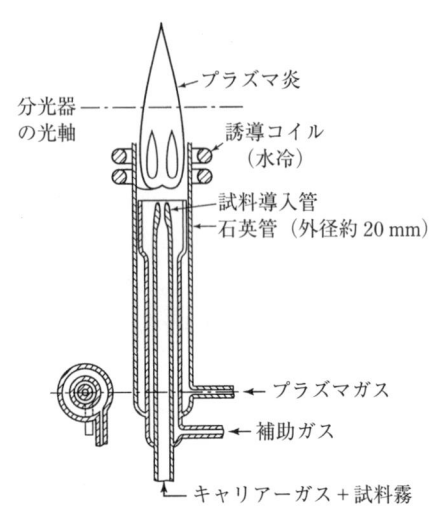

図 1.8　プラズマ発生用トーチの構造
(日本分析化学会九州支部編 (2003) 機器分析入門 改訂第3版, p. 119, 図 6.30, 南江堂より引用)

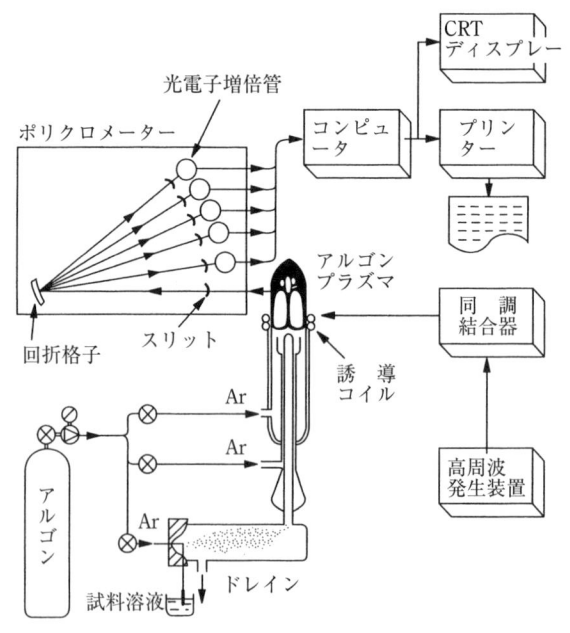

図 1.9　多元素同時分析用 ICP 発光分析装置の概略図
(吉岡正則, 中嶋暉躬編集 (2000) 生体分子の分析科学 1, p. 84, 図 3, 廣川書店より引用)

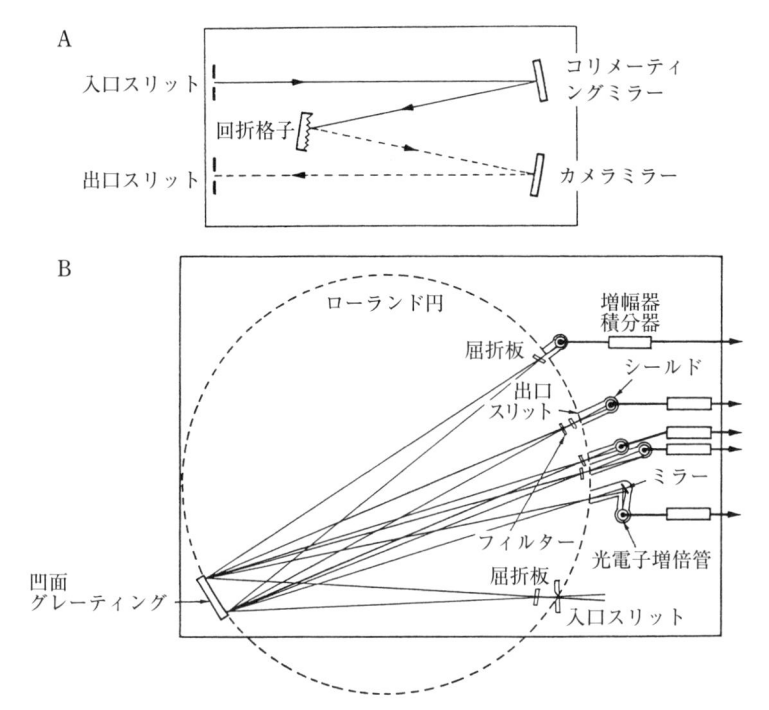

図 1.10 ツェルニ・ターナー型モノクロメーター（A）とパッシェル・ルンゲ型ポリクロメーター（B）の光学系
（日本分析化学会編（1988）ICP 発光分析法，p. 18，19，図 2.9，2.10，共立出版より引用）

問題 1.67 高周波誘導結合プラズマ（ICP）発光分析法に関する次の記述のうち，正しいものはどれか．

1 高周波プラズマの発生には，数千 Hz 〜数万 Hz の周波数の電流が使用される．
2 アルゴンガスは高周波スパークによって原子化される．
3 プラズマガスはプラズマをわずかに浮かせて石英管を保護する．
4 プラズマ炎は炎の中心部が暗いドーナツ構造をとる．
5 試料はプラズマ中央部で発光する．

解　説　1　高周波プラズマの発生には，数 MHz 〜数千 MHz の周波数の電

流が使われる.
2. アルゴンは高周波スパークによってイオン化され,さらに周囲のアルゴンと衝突を繰り返して新たな電子やアルゴンイオンを生成する.その結果,アルゴン原子は急激にイオン化され,プラズマ状態が生成する.
3. プラズマ発生用トーチには3つの役割をもつアルゴンガスが導入される.すなわち,プラズマガスはトーチの冷却,補助ガスはプラズマをわずかに浮かせて石英管を保護し,キャリヤーガスは霧状とした試料溶液をプラズマの中心に導入する.
4. プラズマ炎の特徴は,中心付近が外側より低温となるため,炎の中心部が暗くなるドーナツ構造をとることである.
5. 試料は温度の低い中央部に導入されて,温度の高いプラズマの外側部分で発光する.

正解 4

問題 1.68 高周波誘導結合プラズマ（ICP）に関する次の記述のうち,正しいものはどれか.
1. 原子吸光光度法と同様に元素ごとに測定する必要がある.
2. 原子吸光光度法でも難しい P,B,S の測定は,ICP 発光分析法でも難しい.
3. 電気加熱炉方式の原子吸光光度法より検出感度が高い.
4. 原子吸光光度法と比較して化学的干渉およびイオン化干渉が大きい.
5. 原子吸光光度法も ICP 発光分析法も試料は溶液とする必要がある.

解説
1. 原子吸光光度法では元素ごとに測定しなければならないが,ICP 発光分析法では多元素同時分析が可能である.
2. ICP 発光分析法は,原子吸光光度法では難しい P,B,S の測定が可能である.
3. 原子吸光光度法では,一般に,電気加熱炉方式のほうがフレー

ム方式より感度が高く，0.1 ppbまで検出できる．ICP発光分析法は電気加熱炉方式の原子吸光光度法より感度は劣る．
4 ICP発光分析法は，プラズマが非常に高温であるために，原子吸光光度法と比較して化学的干渉およびイオン化干渉が小さい．
5 両法とも試料を溶液とする必要がある．

正解　5

問題 1.69 高周波誘導結合プラズマ-質量分析（ICP-MS）法に関する次の記述のうち，正しいものはどれか．
1 得られる質量スペクトルが複雑なので，元素の定性が難しい．
2 同位体比は測定できない．
3 質量数80以下の元素の高感度な定量が可能である．
4 ICP発光分析法より高感度である．
5 H, O, Nに由来するイオンと同じ質量の元素も検出できる．

解説
1 得られる質量スペクトルはICP発光分析法の分光スペクトルより単純で，元素の定性力が高い（図1.11）．
2 同位体比の測定が可能である．
3 アルゴンガスの妨害イオンにより質量数80以下の元素の高感度な定量は困難である．
4 ほとんどの元素をppt（10^{-12}）レベルで分析でき，1〜3桁高感度である．
5 H, O, Nに由来するイオン（OH^+, H_2O^+, O^+, N^+など）がバックグラウンドとして存在するので，これらの質量数と同じ質量の元素の検出は難しい．

正解　4

$^{28}Si^+$ 　　　　　$^{14}N_2^+$

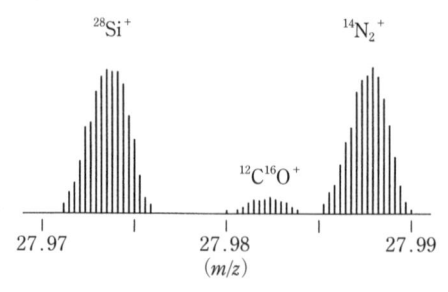

$^{12}C^{16}O^+$

27.97　　　27.98　　　27.99
(m/z)

a) 超純水のSi$^+$のスペクトル（分解能は3000に設定）

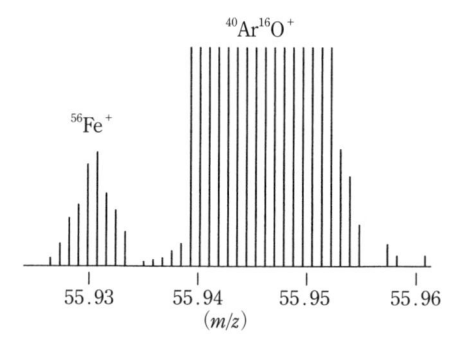

$^{40}Ar^{16}O^+$

$^{56}Fe^+$

55.93　　55.94　　55.95　　55.96
(m/z)

b) 100 pptのFe$^+$のスペクトル（分解能は3000に設定）

図1.11　ICP-二重収束型質量分析法による高分解能スペクトル
（日本分析化学会九州支部編（2003）機器分析入門 改訂第3版, p.135, 図6.43, 南江堂より引用）

◆ 確認問題 ◆

次の文の正誤を判別し，○×で答えよ．

□□□　**1**　金属元素は，フレーム，放電，プラズマ中に入れると，原子を通り越してイオンとなる．

□□□　**2**　発光分析法は，励起した金属元素の最外殻電子が励起状態から基底状態に戻るときに生じる発光を定性・定量に利用したものである．

□□□　**3**　発光分析法による定量では，原子吸光光度法と異なり，干渉の影響を受けない．

□□□　**4**　フレーム（炎光）分析法は，励起源（光源）の温度は他の発光分析法と比較して低いが，ほとんどすべての金属を分析することができる．

1.4 発光分析法　79

- □□□ 5　フレーム（炎光）分析法では，金属元素は化学炎中でイオンとなる．
- □□□ 6　フレーム（炎光）分析法は，アルカリ金属やアルカリ土類金属の測定に優れている．
- □□□ 7　放電とは，気体中に電流が流れることである．
- □□□ 8　励起にアーク放電を用いる放電発光分光分析法は，金属元素の高感度な定量に適している．
- □□□ 9　アーク放電では大部分の金属元素をイオン化して発光させる．
- □□□ 10　アーク放電はスパーク放電より高温である．
- □□□ 11　スパーク放電を励起源とする放電発光分光分析法ではイオン化スペクトル線が現れる．
- □□□ 12　発光分析法において，揮発性の高い元素から順に気化することを分別蒸留という．
- □□□ 13　放電発光分光分析法では，アーク放電のほうがスパーク放電よりも分別蒸留が起こりやすい．
- □□□ 14　励起にスパーク放電を用いる放電発光分光分析法は，金属元素の高感度な定量に適している．
- □□□ 15　プラズマとは，自由に運動するプラスとマイナスの電子やイオンが共存し，そのバランスが電気的に中性になっている状態をいう．
- □□□ 16　プラズマ中ではほとんどの金属元素は原子化される．
- □□□ 17　高周波誘導結合プラズマ（ICP）発光分析法は，物理的干渉や分光学的干渉はないが，化学的干渉やイオン化干渉は原子吸光光度法に比べて大きい．
- □□□ 18　高周波誘導結合プラズマ（ICP）発光分析法は，励起源の形成にアルゴンガスを用いる．
- □□□ 19　高周波誘導結合プラズマ（ICP）発光分析法は，ハロゲン元素，希ガス元素を含むほとんどの元素を定量することができる．
- □□□ 20　高周波誘導結合プラズマ-質量分析（ICP-MS）法は，ICP発光分析法より感度が劣る．

正　解

1	×	2	○	3	×	4	×	5	×	6	○	7	○
8	×	9	×	10	×	11	○	12	○	13	○	14	×
15	○	16	×	17	×	18	○	19	×	20	×		

1.5 ◆ 赤外吸収スペクトル

1.5.1 赤外吸収スペクトルの概要と測定

到達目標 赤外吸収スペクトルの概要と測定法を説明できる.

1) 赤外吸収スペクトルの測定原理
- 赤外線のもつエネルギーは,分子の振動エネルギー準位に相当する.
- 分子を構成する原子間の結合は規則的な変化によって振動しており,この振動の振動数と等しい振動数の赤外線が照射されると,その光の一部は吸収される.
- 赤外線は,分子振動によって双極子モーメントが変化する場合に吸収される.
- 赤外吸収スペクトル法は,物質に赤外線が吸収されるとことによって原子間結合の振動が変化する現象を利用して物質の化学構造の情報を得る方法で,赤外線が試料を通過するときに吸収される度合いを各波数について測定する.
- スペクトルは,横軸に波数,縦軸に透過率(または吸光度)をとったグラフで示す.
- スペクトルの範囲は,一般的には 4000 〜 400 cm^{-1} である.この波数に対応する波長は 2.5 〜 25 μm である.
- 赤外線は紫外・可視光に比べて量子エネルギーが小さいため,赤外線照射では分子の振動エネルギーが励起される.このため,得られるスペクトルは振動スペクトルと呼ばれる.
- 振動のモードには,伸縮振動(原子間の長さが変化する振動,記号:ν),変角振動(結合角が変化する振動,記号:δ)がある.
- 赤外線吸収は,一定濃度範囲内では Lambert-Beer の法則に従う.

2) 測定法
a. 装 置

　分散形赤外分光光度計(複光束型):プリズムや回折格子によって赤外連続光を分光し,各波長における光の強度を表すスペクトルを得る装置.

　フーリエ変換形赤外分光光度計(単光束型):干渉計を使ってインターフェログラムを測定し,それをフーリエ変換してスペクトルを得る装置.

b. 光　源
グローバ灯またはネルンスト灯．

c. 測定試料の調製
試料の形態と状態：固体，液体，気体のいずれの形態でも測定可能．赤外吸収スペクトル法は非破壊的測定法であるので，測定後に試料の回収が可能である．

窓板：赤外線を吸収しない臭化カリウム，塩化ナトリウムなどの単結晶．

調製法

 A.　透過スペクトル法

 ① 錠剤法：固体試料に臭化カリウムまたは塩化カリウムを加え，よくすり混ぜた後，錠剤成形して測定する．

 ② ペースト法（ヌジョール法）：粉末固体に流動パラフィンを加えて練合し，2枚の窓板に挟んで測定する．流動パラフィン：飽和脂肪族炭化水素で，2920 cm^{-1}，1460 cm^{-1}，1380 cm^{-1}，720 cm^{-1} 付近にC-Hによる吸収をもつ．

 ③ 液膜法：液体試料を2枚の塩化ナトリウム窓板に挟んで測定する．

 ④ 薄膜法：試料を薄膜のまま，または薄膜にして測定する．

 ⑤ 溶液法：試料溶液を液体用固定セルに注入して測定する．溶媒は固定セルの窓板を侵さないもので，赤外領域に吸収の少ないもの（クロロホルム，四塩化炭素，二硫化炭素）を用いる．

 ⑥ 気体試料測定法：気体試料を気体セルに封入して測定する．

 B.　反射スペクトル法

 ① 全反射法（ATR法）：吸収強度が強い試料に用いる．

 ② 拡散反射法：散乱が多い固体試料に用いる．

d. 波数目盛の校正
ポリスチレン膜が用いられる．

e. 用　途
物質の同定（確認），構造解析，定量．

結晶多形の確認．

問題 1.70　赤外吸収スペクトルに関する次の記述のうち，**誤っているもの**はどれか．

 1　物質に波長を連続的に変化させた赤外線を照射すると，その分子の固有振動と同じ振動数の赤外線が吸収されたスペクト

ルが得られる.
2 赤外吸収スペクトルは,横軸に波数,縦軸に透過率または吸光度をとったグラフで示す.
3 赤外吸収スペクトルの範囲は,一般的には $4000 \sim 400 \, \text{cm}^{-1}$ である.
4 赤外線は紫外・可視光に比べて量子エネルギーが大きいため,赤外線照射では分子の電子エネルギーが励起される.
5 振動の様式には,伸縮振動と変角振動がある.

解説 赤外線は紫外・可視光に比べて量子エネルギーが小さく,赤外線照射では分子の振動エネルギーが励起される.このため,得られたスペクトルは振動スペクトルと呼ばれる.

[正解] 4

問題 1.71 赤外吸収スペクトルの測定に用いる光源は,次のどれか.
1 キセノンランプ
2 重水素放電管
3 グローバ灯
4 中空陰極ランプ
5 ハロゲンタングステンランプ

解説
1 蛍光光度法で用いられる.
2 紫外吸光スペクトルの測定に用いられる.
3 正しい.
4 原子吸光光度法で用いられる.
5 可視吸光スペクトルの測定に用いられる.

[正解] 3

1.5 赤外吸収スペクトル

問題 1.72 赤外吸収スペクトル測定法が利用できないものは，次のどれか．
1　物質の同定
2　物質の定量
3　物質の構造解析
4　結晶多形の確認
5　分子サイズの推定

解説　赤外吸収スペクトル法は，物質に赤外線が吸収されるとことによって原子間結合の振動が変化する現象を利用して物質の化学構造の情報を得る方法であり，分子の固有振動と同じ振動数の赤外線が吸収されたスペクトルが赤外吸収スペクトルである．また，赤外線吸収は一定濃度範囲内では Lambert-Beer の法則に従う．そのため，物質の同定，定量，構造解析，結晶多形の確認に適用できるが，分子量に関する情報は得ることができない．

正解　5

問題 1.73 赤外吸収スペクトル測定の溶液法で用いられる溶媒の正しい組合せは，次のどれか．
1　クロロホルム，水
2　クロロホルム，四塩化炭素
3　メタノール，アセトン
4　四塩化炭素，エタノール
5　エタノール，水

解説　固体または液体の試料を溶液法で測定する場合，試料を溶媒に溶かし，この試料溶液を液体用固定セルに注入して測定する．この固定セルは塩化ナトリウムや臭化カリウムで作られているため，溶媒は窓板を侵さないものでなければならない．また，赤外領域に吸収の少ない溶媒を選択する必要がある．そのため，クロロホルム，四塩

84 1. 分光分析法

化炭素，二硫化炭素などが用いられる．水，メタノール，エタノール，アセトンなどは窓板を侵したり，特性吸収帯に強い吸収を示すので，用いることはできない．

正解 2

問題 1.74 赤外吸収スペクトル測定に用いることのできる試料の形態は，次のどれか．
1 固体のみ
2 固体と液体
3 固体と気体
4 気体と液体
5 固体と液体と気体

解説 固体，液体，気体のすべての試料形態で測定が可能であるが，各形態に応じた測定法を選択する必要がある．

固体試料は，① 錠剤法，② ペースト法（ヌジョール法），③ 溶液法，④ 全反射法（ATR 法），⑤ 拡散反射法などで測定できる．

液体試料は，① 液膜法，② 薄膜法，③ 溶液法などで測定できる．

気体試料は，気体試料を気体セルに封入して測定する．

正解 5

1.5.2 赤外吸収スペクトルの解析

到達目標 赤外スペクトル上の基本的な官能基の特性吸収を列挙し，帰属することができる．

・官能基の赤外線吸収は官能基を取り巻く原子の違いに関わらず，ほぼ等しく，同じ官能基をもつ分子はほぼ同じ位置に吸収帯をもつ．
・特性吸収帯：官能基に特徴的な吸収帯で，物質の部分構造を知ることができる．約 1300 cm^{-1} 以上の波数域にある．
・指紋領域：約 1300 cm^{-1} 以下の低波数領域にみられる複雑な吸収スペクトル帯．C-C，C-N，C-O などの結合で形成される分子骨格の振動は，約 1300 cm^{-1} 以下の

波数領域に多くの吸収帯として現れる．これらの吸収帯は分子構造の違いを鋭敏に反映するので，物質の同定に利用される．

1) 特性吸収帯の一般則
- 電子吸引基が結合すると，高波数側にシフトする．
- OH，NH の伸縮振動は，水素結合すると低波数側にシフトする．
- 一般に，伸縮振動は 4000～1000 cm^{-1} に現れ，変角振動は 1500～400 cm^{-1} に現れる．
- 炭素-炭素結合の吸収は，高波数側から三重結合（C≡C，2200 cm^{-1} 付近），二重結合（C=C，1800～1350 cm^{-1}），単結合（C-C，1200～1000 cm^{-1}）の順に現れる．

2) 主な官能基の特性吸収帯

官能基	吸収の位置 (cm^{-1})	官能基	吸収の位置 (cm^{-1})
1. 水酸基（O-H）	3600～3200	8. カルボニル基（C=O）	1700 付近
2. アミノ基（N-H）	3500～3300	① カルボン酸（R-COOH）	1725～1700
3. アルカン（C-H）	3000～2850	② ケトン（R-CO-R′）	1730～1720
4. アルキン（C≡C）	2260～2100	③ エステル（R-COO-R′）	1750～1730
5. ニトリル（C≡N）	2260～2210	④ βラクタム	1760～1730
6. アミノ基（N-H）	3500～3300	⑤ アミド（R-CONH）	1695～1650
7. ベンゼン環（C=C）	1600, 1500	9. エーテル（C-O-C）	1200, 1100

問題 1.75 赤外吸収スペクトルにおいて，次の官能基または分子構造の原子間の伸縮振動に基づく吸収帯が最も高波数に観察されるものはどれか．

1　O-H
2　C≡C
3　芳香環 C=C
4　C-O-C
5　C=O

解　説　O-H（水酸基）の伸縮振動は 3600～3200 cm^{-1} に幅広い吸収帯

として観察される.

C≡C（アルキン）の伸縮振動は 2260〜2100 cm^{-1} に，C=O（カルボニル基）の伸縮振動は約 1700 cm^{-1} 付近に，芳香環 C=C の伸縮振動は 1600 cm^{-1} と 1500 cm^{-1} に，C-O-C（エーテル）の伸縮振動は 1200 cm^{-1} と 1100 cm^{-1} に，それぞれ観察される．

正解　1

問題 1.76 赤外吸収スペクトルにおいて，カルボニル基に基づく吸収帯が現れる波数域として最も適切なものは，次のどれか．

1　3200〜3500 cm^{-1}
2　2250 cm^{-1} 付近
3　1700 cm^{-1} 付近
4　1600 cm^{-1} と 1500 cm^{-1}
5　1200 cm^{-1} 付近

解説

1　3200〜3500 cm^{-1} は水酸基またはアミノ基の吸収帯が現れる．
2　2250 cm^{-1} 付近にはアルキン（C≡C）やニトリル（C≡N）の吸収帯が現れる．
3　1700 cm^{-1} 付近にはカルボニル基（C=O）に基づく吸収帯が現れる．
4　1600 cm^{-1} と 1500 cm^{-1} はベンゼン環 C=C の伸縮振動による吸収帯である．
5　1200 cm^{-1} 付近にはエーテルや C-N の伸縮振動に基づく吸収帯や指紋領域としての吸収帯が現れる．

正解　3

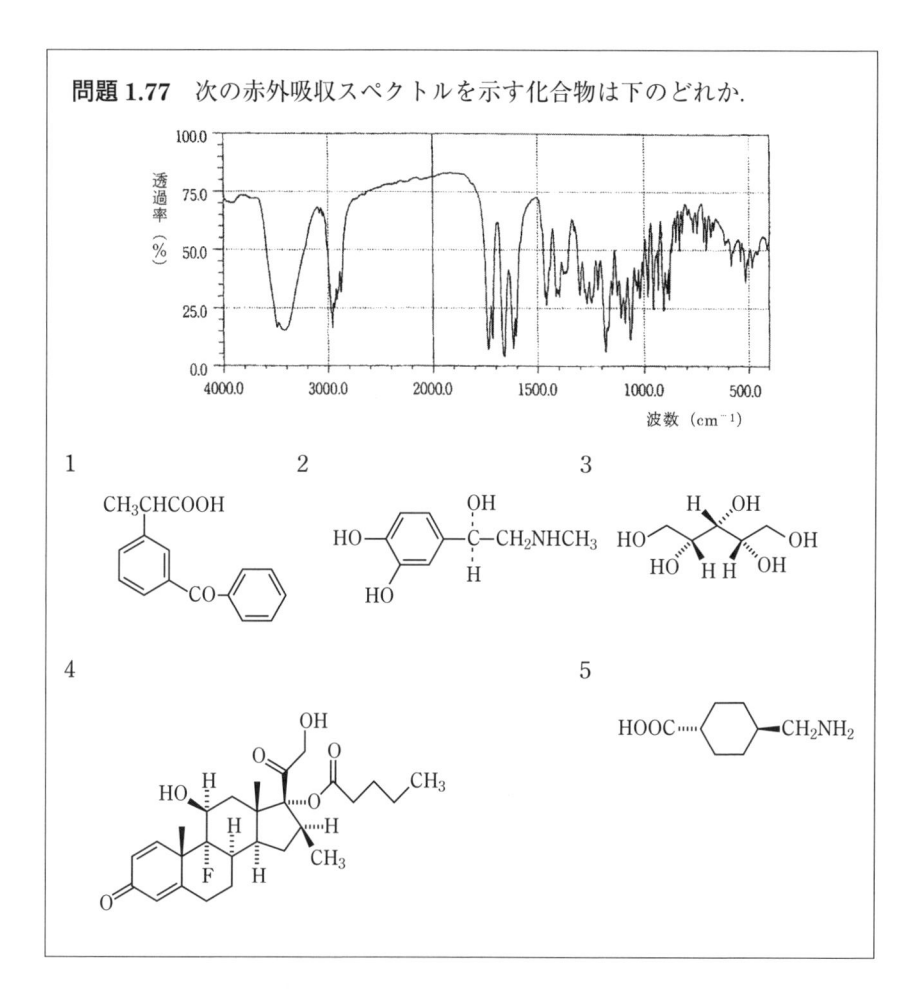

問題 1.77 次の赤外吸収スペクトルを示す化合物は下のどれか．

1 CH₃CHCOOH (結合に -O- フェニル基)

2 HO-, HO- 置換ベンゼンに C(OH)H-CH₂NHCH₃

3 HOCH₂-C(OH)H-C(OH)H-C(OH)H-CH₂OH

4 ステロイド構造（OH, F, CH₃, 吉草酸エステル, ケトン）

5 HOOC-シクロヘキサン-CH₂NH₂

解説　スペクトルには 1740 〜 1660 cm⁻¹ に 3 本の吸収が現れており，3 種の C=O の存在が推定される．また，3400 cm⁻¹ 付近の幅広い吸収帯は水酸基（O–H）の，2980 cm⁻¹ 付近の吸収帯は CH_3，CH_2 または CH の伸縮振動を示していると推定される．

　ケトプロフェン（1）は C=O を 2 個もつので，1700 cm⁻¹ 付近に 2 本の吸収帯が現れる．

　アドレナリン（2）は官能基として OH を 3 個と NH をもつので，3600 〜 3400 cm⁻¹ に幅広い吸収帯を示すが，C=O は存在しないの

で 1700 cm^{-1} 付近に吸収帯は現れない．

　キシリトール（3）は官能基として OH のみをもつので，3600 〜 3400 cm^{-1} に幅広い吸収帯を示すほかは特定吸収帯に顕著な吸収帯は現れない．

　ベタメタゾン吉草酸エステル（4）は C＝O，OH，CH$_3$，CH$_2$ をもち，C＝O は 3 個であるので，1700 cm^{-1} 付近に 3 本の吸収帯が現れ，3400 cm^{-1} 付近に OH の伸縮振動の吸収帯が現れる．

　トラネキサム酸（5）は，官能基としてカルボキシル基をもつので C＝O の伸縮振動による吸収帯が 1700 cm^{-1} 付近に 1 本現れる．

　C＝O の伸縮振動による吸収帯の数から，このスペクトルはベタメタゾン吉草酸エステル（4）のスペクトルであると推定される．

正解　4

◆ 確認問題 ◆

次の文の正誤を判別し，○×で答えよ．

□□□ **1** 赤外吸収スペクトル測定法では，分子振動に関する情報が得られる．

□□□ **2** 赤外吸収スペクトル測定法が結晶多形の確認に用いられるのは，結晶中に存在している分子の原子核間の結合力が多形間で互いに異なることによる．

□□□ **3** 赤外吸収スペクトルは一般に波数 4000 〜 400 cm^{-1} の範囲で測定され，その波長は 2.5 〜 25 μm に対応する．

□□□ **4** 赤外線吸収は，一定濃度範囲内ではランベルト–ベールの法則に従う．

□□□ **5** 赤外吸収スペクトルの波数目盛りの校正には光学フィルターが用いられる．

□□□ **6** 赤外吸収スペクトル測定の溶液法では，窓板の材料として塩化ナトリウムや臭化カリウムなどが用いられる．

□□□ **7** 赤外吸収スペクトル測定の溶液法には，赤外領域に吸収の少ない溶媒を用いる．

□□□ **8** 赤外吸収スペクトル測定法では，気体試料の測定はできない．

□□□ **9** ペースト法は，粉末固体に少量の水を添加してペースト状に練合し，2 枚の窓板に挟んで測定する．

□□□ **10** 赤外吸収スペクトル測定法は，定量分析に利用することは不可能である．

□□□ 11 赤外吸収スペクトル法では，物質は特性吸収帯をもつ低分子物質に分解されるので，測定後に試料を回収することはできない．

□□□ 12 赤外線は，分子振動によって双極子モーメントが変化する場合に吸収される．

□□□ 13 赤外吸収スペクトルの測定装置には，分散形赤外分光光度計とフーリエ変換形赤外分光光度計がある．

□□□ 14 赤外吸収スペクトルは，一般に縦軸は透過率（％），横軸は波数で表される．

□□□ 15 臭化カリウム錠剤法は，固体試料の測定には用いられない．

□□□ 16 一般に，変角振動は伸縮振動より高波数域に現れる．

□□□ 17 C＝Oの伸縮振動に基づく吸収帯は，共役系が入ると低波数側にシフトする．

□□□ 18 官能基の赤外線吸収は官能基を取り巻く原子の違いに関わらず，ほぼ等しい．

□□□ 19 特性吸収帯に現れる吸収帯から，物質の部分構造を知ることができる．

□□□ 20 指紋領域の吸収から官能基を特定できる．

□□□ 21 指紋領域は，約 1300 cm^{-1} 以上の高波数領域にみられる複雑な吸収スペクトル帯である．

□□□ 22 OHの伸縮振動は，水素結合すると低波数側にシフトする．

□□□ 23 電子吸引基が結合すると，吸収帯は高波数側にシフトする．

□□□ 24 カルボン酸の赤外吸収スペクトルには，1700 cm^{-1} 付近にO－Hの伸縮振動に基づく吸収帯と 3200〜2800 cm^{-1} 付近にC＝Oの伸縮振動に基づく吸収帯が現れる．

□□□ 25 1600 cm^{-1} と 1500 cm^{-1} に吸収帯が現れると，ベンゼン環の存在が推定される．

正　解

1	○	2	○	3	○	4	○	5	×	6	○	7	○
8	×	9	×	10	×	11	×	12	○	13	○	14	○
15	×	16	×	17	○	18	○	19	○	20	×	21	×
22	○	23	○	24	×	25	○						

1.6 ◆ 旋光度測定法（旋光分散），円偏光二色性測定法，比旋光度

到達目標 旋光度測定法（旋光分散），円偏光二色性測定法の原理と，生体分子の解析への応用例について説明できる．

1.6.1 原　理

　薬品またはその溶液中には，偏光面を回転させる性質をもつものがある．このような性質を旋光性または光学活性という．

　回転する角度を旋光度といい，物質の化学構造に関係がある．

　旋光の原因は，光学活性物質に対する左右円偏光の屈折率の差に基づく．

　旋光度測定法は，光学活性物質の確認，純度試験，定量法に利用される．

　偏光面を右に回転させるものを右旋性，左に回転させるものを左旋性といい，回転する角度の前に右旋性ではプラス「＋」または「d」，左旋性ではマイナス「－」または「l」を付けて表す．

　旋光度または光学活性を有する分子の中には，不斉原子（通常は炭素原子で，炭素以外の原子のときもある）があり，光学活性の原因となる．スピロ化合物，らせん構造を有するペプチドなどは光学活性である．

　旋光度 α_x^t は，特定の単色光 x を用いて，温度 t ℃で測定したときの旋光度を意味する．

　通常の測定では，温度は 20 ℃，層長（l）は 100 mm，光線はナトリウムスペクトルの D 線で行う．c は，日本薬局方では，溶液 1 mL 中の薬品の g 数である（液状薬品では密度または比重）．

　比旋光度 $[\alpha]_x^t$ は，次式で表される．比旋光度は物質に固有の値をとる．

$$[\alpha]_x^t = \frac{100\alpha}{lc}$$

　旋光度は光の波長を変えると変化し，波長を連続的に変えたときの旋光度の変化を旋光分散（ORD）といい，その曲線を旋光分散曲線という．

　波長を横軸に，旋光度を縦軸にすると，長波長側から短波長側に正から負に変化する．この現象のうち，短波長側に谷があり，長波長側に山がある場合を正のコットン効果という．その逆を負のコットン効果という．

1.6 旋光度測定法（旋光分散），円偏光二色性測定法，比旋光度

光は一種の電磁波であり，電場と磁場を繰り返し振動しながら進む．光が電場，磁場のある一定面だけ（振動方向が一様でない），偏った光を偏光という．

光学活性物質は左右円偏光に対する性質が異なるため，光吸収帯付近の波長では吸光度が異なることがある．左円偏光に対するモル吸光係数（ε_L）と，右円偏光に対するモル吸光係数（ε_R）が異なる．すると，左右の偏光の強度が変化するため，偏光面の合成スペクトルの軌跡は楕円を描くようになる．このような現象を円偏光二色性（円偏光，CD）という．

旋光度測定器は，液体クロマトグラフィー用の検出器としても用いられ，光学異性体の検出に利用される．

問題 1.78 旋光度測定における光源の記述について正しいものはどれか．

1 日本薬局方一般試験法において，旋光度測定法の光線には，紫外線を用いている．
2 旋光度は赤外線の波長領域で通常測定される．
3 旋光度の測定には，特定の単色光を用い，通例，ナトリウムスペクトルのD線で行う．
4 旋光度測定用には，輝線よりも連続スペクトルを発する光源が好ましい．
5 旋光度測定の光線には，X線が好ましい．

解説 1，2 ナトリウムのD線（589 nm，589.6 nm），水銀ランプの輝線（546.1 nm）が通常使用される．

3 旋光度は波長依存性があるため，日本薬局方ではナトリウムスペクトルのD線を用いる．

4 1，2の解説を参照．

5 X線は波長が短く（10〜0.01 nm），好ましくない．

正解　3

問題 1.79 旋光度に関する記述について正しいものはどれか.

1. 旋光度の値は測定管の層長に比例する.
2. 旋光度の値は濃度に反比例する.
3. 旋光度は測定波長には影響されない.
4. 旋光度は温度には影響されない.
5. 日本薬局方では，旋光度は示性値として扱われる.

解説 1, 2 旋光度 α_D，比旋光度 $[\alpha]_D^{20}$，濃度，層長との関係は次式で示される.

$$[\alpha]_D^{20} = \frac{100\alpha_D}{cl}$$

旋光度 α_D は，濃度 c および層長 l に比例する.

3. 光の波長を変えると旋光度も変わる. この現象を利用したのが旋光分散である.
4. 旋光度は温度に影響される.
5. 旋光度は物質固有の値ではなく，比旋光度が物質固有の値を示すので示性値として扱われる.

正解　1

問題 1.80 旋光性の記述について正しいものはどれか.

1. 物質が旋光性をもつためには，分子の中に少なくとも1個の不斉原子がなければならない.
2. 旋光性は左右円偏光に対する屈折率の差に起因する.
3. 偏光が光学活性物質中を透過すると，その振動面を振動させる. この性質を旋光性という.
4. 物質が旋光性を有するということは，その物質が光学活性ではないといえる.
5. 旋光性を表示するには，偏光面を回転する角度の前に，左旋性であれば d を，右旋性であれば l を表示する.

1.6 旋光度測定法（旋光分散），円偏光二色性測定法，比旋光度

解説
1. 分子内に不斉原子がなくとも，分子全体の立体構造が非対称なものでは光学活性をもつものがある．例えば，スピロ化合物，アリレン化合物，らせん構造をもつペプチドなど．
2. 旋光性は光学活性物質中における左右円偏光に対する屈折率の差に起因する．
3. 振動面を回転させる．
4. 光学活性であるので，旋光性を有するという．
5. d は右旋性，l は左旋性を意味する．

正解　2

問題 1.81 比旋光度の記述について正しいものはどれか．
1. 化合物の比旋光度を算出するとき，必ずしも分子量がわかっている必要はない．
2. 日本薬局方では，20℃における比旋光度 $[\alpha]_D^{20}$ は下式で表される．

$$[\alpha]_D^{20} = \frac{100\alpha_D}{cl}$$

ここで l は測定に用いた測定管の長さ（mm），c は溶液 100 mL 中に存在する薬品の g 数で表される．
3. 旋光度測定法は，薬品類の定量には利用できない．
4. 比旋光度はマイナスの値を示すことはない．
5. 旋光度 α_D は物質固有の値をとる．

解説
1. 旋光度測定時の試料溶液 1 mL 中の測定物質の g 数がわかればよく，分子量は必要ない．
2. c は溶液 1 mL 中に存在する薬品の g 数である．
3. 旋光度は濃度に比例するので，純度試験や定量に旋光度測定法を利用することができる．
4. 左旋性の物質であれば，マイナス表示の値となる．
5. 旋光度は物質固有ではなく，比旋光度が物質固有の値を示す．

正解　1

問題 1.82 医薬品の純度試験または定量を旋光度測定法で行うとき，次の記述のうち，正しいものはどれか．

1 旋光度が理論上ゼロであるアトロピンに対して，旋光度が「−」の値を示すヒヨスチアミンの混在を検することができる．
2 旋光度は，示性値として用いられるが，濃度との間に比例関係がないため，医薬品の定量に用いられない．
3 旋光度測定法で，dl-メントールとl-メントールを区別することはできない．
4 光学活性体の情報は，他の分析機器でも容易に得られる．
5 ラセミ体の旋光度は理論上 1.0 である．

解 説
1 アトロピンはラセミ体（dl）なので，旋光性はほとんどない．ヒヨスチアミンはl体なので，混在すると旋光性を示すようになる．
2 旋光度は試料の濃度および層長に比例し，光の波長，温度，溶媒の種類に依存する．
　比旋光度（日本薬局方）は次式で示すように，ナトリウムのD線，温度は20 ℃，さらに濃度 c を (g/mL) に，層長 l を mm に換算した旋光度で表される．

$$[\alpha]_D^{20} = \frac{100\alpha_D^{20}}{cl}$$

したがって，比旋光度は濃度に比例せず，旋光度が濃度に比例する．

3 dl-体の比旋光度 $[\alpha]_D^{20}$ は $-2.0 \sim +2.0°$，l-体の比旋光度 $[\alpha]_D^{20}$ は $-45.0 \sim -51.0°$ で，旋光度測定法で区別することができる．
4 旋光度測定法（旋光分散）または円偏光二色性スペクトル測定法が光学活性の情報を知りうる機器分析法である．
5 ラセミ体の旋光度は理論上ゼロである．

正解　1

1.6 旋光度測定法（旋光分散），円偏光二色性測定法，比旋光度　95

問題 1.83　日本薬局方ブドウ糖注射液の定量法に関する記述について，正しいものはどれか．

「本品のブドウ糖（$C_6H_{12}O_6$）約 4 g に対応する容量を正確に量り，アンモニア試液 0.2 mL 及び水を加えて正確に 100 mL とし，よく振り混ぜて 30 分間放置した後，旋光度測定法により 20 ± 1 ℃，層長 100 mm で旋光度 α_D を測定する．

ブドウ糖（$C_6H_{12}O_6$）の量（mg）＝ α_D × 1895.4 である．」

1　旋光度は，測定に用いる光の波長に関係しない．
2　旋光度は，光の入射角と反射角の比率によって求まる．
3　アンモニアを加える理由は，ブドウ糖の変旋光を平衡状態にして安定した旋光度を得るためである．
4　アンモニアを加える理由は，測定液の着色を防ぐためである．
5　層長 200 mm の測定管を用いても，計算式の係数は 1895.4 である．

解説
1　旋光度は波長によって変化する．波長を変化させたときの旋光度の変化を連続的に記録したものが旋光分散（ORD）である．
2　旋光度は偏光面を回転させる角度である．入射角と反射角の比率で求まるのは，屈折率である．
3, 4　ブドウ糖は水溶液中でアンモニア試液により変旋光が促進され，比旋光度が約 + 52.7° を示す．変旋光を示ことで，α 型が 36 %，β 型が 64 % の平衡混合物が生じるためである．
5　式中の係数 1895.4 は層長 100 mm で測定したときの値である．条件を変え，層長 200 mm で行うとき，この係数は 947.7 となる（問題 1.84 の計算式に，層長 200 mm を入れて計算すればよいが，比旋光度の値が既知である必要がある）．

$[\alpha]_D^{20}$ = + 52.76 を用いて計算すると，

$$52.76 = \frac{100\alpha_D^{20}}{c \times 200} \quad \text{より，}$$

$$c(\text{mg}) = \frac{100\alpha_D^{20}}{52.76 \times 200} \times 100 \times 1000 = \alpha_D^{20} \times 947.7$$

正解　3

問題 1.84　日本薬局方一般試験法の旋光度測定法によれば，20℃における比旋光度 $[\alpha]_D^{20}$ は下式で表される．

$$[\alpha]_D^{20} = \frac{100\alpha_D^{20}}{cl}$$

c：溶液 1 mL 中の薬品の g 数，l：測定管の長さ（mm）

ブドウ糖注射液を旋光度測定法で定量するとき ☐ の中に入れるべき正しいものはどれか．ただし，ブドウ糖の比旋光度を $[\alpha]_D^{20} = +52.76°$ とする．

ブドウ糖（$C_6H_{12}O_6$）約 4 g に対応する容量を正確に量り，アンモニア試液 0.2 mL 及び水を加えて正確に 100 mL とし，よく振り混ぜて 30 分間放置した後，旋光度測定法により 20 ± 1℃，層長 100 mm で旋光度 α_D を測定する．

ブドウ糖（$C_6H_{12}O_6$）の量（mg）＝ $\alpha_D \times$ ☐ である．

1　189.54　　2　379.08　　3　947.70
4　1895.4　　5　3790.8

解説　$[\alpha]_D^{20} = \dfrac{100\alpha_D^{20}}{cl}$ より，

$$52.76 = \frac{100\alpha_D^{20}}{c \times 100}$$

c は g/mL であり，全量は 100 mL，ブドウ糖の量を mg に換算すると，

$$c(\text{mg}) = \frac{\alpha_D^{20}}{52.76} \times 100 \times 1000 = \alpha_D^{20} \times 1895.4$$

正解　4

1.6 旋光度測定法（旋光分散），円偏光二色性測定法，比旋光度

問題 1.85 日本薬局方一般試験法の旋光度測定法によれば，20 ℃における比旋光度 $[\alpha]_D^{20}$ は下式で表される．

$$[\alpha]_D^{20} = \frac{100\alpha_D}{cl}$$

c：溶液 1 mL 中の薬品の g 数，l：測定管の長さ（mm）

いま，L-アルギニン塩酸塩注射液を旋光度測定法で定量するとき，☐ の中に入れるべき正しいものはどれか．ただし，L-アルギニン塩酸塩の 6 mol/L 塩酸溶液における比旋光度 $[\alpha]_D^{20} = +22.5°$ とする．

L-アルギニン塩酸塩（$C_6H_{14}N_4O_2 \cdot HCl$）の注射液 20 mL を正確に量り，7.5 mol/L 塩酸試液を加えて正確に 100 mL とし，旋光度測定法により 20 ± 1 ℃，層長 100 mm で旋光度 α_D を測定する．

L-アルギニン塩酸塩（$C_6H_{14}N_4O_2 \cdot HCl$）の量（mg）= ☐ である．

1　$\alpha_D \times 4.444$　　2　$\dfrac{\alpha_D}{22.5}$　　3　$\alpha_D \times 225.0$

4　$\dfrac{\alpha_D}{2250}$　　5　$\alpha_D \times 4444$

解説　$[\alpha]_D^{20} = \dfrac{100\alpha_D}{cl}$　より，

$$22.5 = \frac{100\alpha_D}{c \times 100}$$

c は g/mL，全量は 100 mL であり，さらに L-アルギニン塩酸塩の量を g から mg に換算し，整理すると，

$$c(\text{mg}) = \frac{\alpha_D}{22.5} \times 100 \times 1000 = \alpha_D \times 4444$$

正解　5

98 1. 分光分析法

問題 1.86 次の記述は日本薬局方イソソルビドの定量法に関するものである.

「本品の換算した脱水物約 10 g を精密に量り,水に溶かし,正確に 100 mL とする.この液につき,層長 100 mm で 20 ± 1 ℃における旋光度を測定する.

イソソルビド（$C_6H_{10}O_4$）の量（g）= α_D × 2.1978」

いま,本品 10.000 g を量り,同様に操作したところ α_D = ＋ 4.4°であった.本品の純度(%)として正しいものはどれか.

1 91.2   2 93.5   3 96.7   4 98.3   5 99.5

解説 イソソルビド（$C_6H_{10}O_4$）の量（g）= α_D × 2.1978 より,α_D = ＋ 4.4°を代入すると,

イソソルビド（$C_6H_{10}O_4$）の量（g）= 4.4 × 2.1978
= 9.67 g

純品イソソルビドが 9.67 g 含まれていることがわかる.したがって,純度（%）は,

$$\frac{9.67}{10.000} \times 100 = 96.7\,\%$$

正解 3

問題 1.87 示性値の項に（乾燥後,1 g,水,20 mL,100 mm）と規定されている日本薬局方医薬品について,その医薬品各条の乾燥減量の項の条件で乾燥した後,1.00 g をとり,これについて一般試験法旋光度測定法の規定のとおりに測定したところ,旋光度 α_D^{20} は－1.76°であった.この医薬品の比旋光度 $[\alpha]_D^{20}$ として正しいものはどれか.

1 －1.76°   2 －3.52°   3 －8.80
4 －17.6°   5 －35.2°

1.6 旋光度測定法（旋光分散），円偏光二色性測定法，比旋光度　　99

解　説　比旋光度 $[\alpha]_D^{20}$ を求める式に，旋光度 $\alpha_D^{20} = -1.76°$ を代入して計算すればよい．濃度（g/mL）と層長（mm）の単位に換算して代入する．

$$[\alpha]_D^{20} = \frac{100\alpha_D^{20}}{cl} = \frac{100 \times (-1.76)}{\frac{1}{20} \times 100} = -35.2°$$

正解　5

問題 1.88　ある日本薬局方医薬品の示性値として，比旋光度 $[\alpha]_D^{20} = -113 \sim -116°$（乾燥後，0.25 g，水，25 mL，200 mm）と規定されている．

乾燥後の試料 0.250 g を量り，旋光度を測定したとき，試料が日本薬局方適となるためには，実測値（旋光度）は次のどの範囲でなければならないか．

1　$-22.6 \sim -23.2°$　　2　$-11.3 \sim -11.6°$
3　$-2.26 \sim -2.32°$　　4　$-1.13 \sim -1.16°$
5　$-0.57 \sim -0.58°$

解　説　表記の記述は，「医薬品各条の乾燥減量の項に規定する条件で乾燥し，その約 0.25 g を精密に量りとり，水に溶かして正確に 25 mL とし，この液につき層長 200 mm で旋光度を測定する」を意味する．比旋光度 $[\alpha]_D^{20}$ の式に，それぞれの値を代入して，旋光度 α_D^{20} を求める．濃度（g/mL）と層長（mm）の単位に換算して代入する．

$$[\alpha]_D^{20} = \frac{100\alpha_D^{20}}{cl}$$

$[\alpha]_D^{20} = -13°$ では，

$$-113 = \frac{100 \times \alpha_D^{20}}{\frac{0.25}{25} \times 200} \quad \text{より，} \alpha_D^{20} = -2.26°$$

$[\alpha]_D^{20} = -116°$ では，

$$-116 = \frac{100 \times \alpha_\text{D}^{20}}{\dfrac{0.25}{25} \times 200} \quad \text{より，} \quad \alpha_\text{D}^{20} = -2.32°$$

正解　3

問題 1.89 次の旋光分散の記述について，正しいものはどれか．

1. 旋光分散は，屈折率を変えることにより旋光度が変化する現象をいう．
2. 旋光分散は，温度を変えることにより旋光度が変化する現象をいう．
3. 旋光分散曲線で縦軸に旋光度，横軸に波長をとるとき，長波長側に極大（＋），短波長側に極小（－）を示す場合を正のコットン効果といい，その逆を負のコットン効果という．
4. 旋光分散曲線で縦軸に旋光度，横軸に波長をとるとき，長波長側に極小（－），短波長側に極大（＋）を示す場合，正のコットン効果といい，その逆を負のコットン効果という．
5. 光学活性物質が光吸収帯をもたない場合でも，コットン効果は現れる．

解説

1. 旋光分散は，屈折率ではなく波長を変えることにより旋光度が変化する現象をいう．
2. 温度ではなく，波長を変えることによって変化する旋光度を求める．
3, 4. コットン効果の正負は，長波長側に極大（＋），短波長側に極小（－）を示す場合を正のコットン効果といい，逆の場合を，負のコットン効果という．
5. 光学活性物質が光吸収帯をもたない場合，旋光度は短波長側でその絶対値が大きく，長波長側では小さな単純曲線となり，コットン効果を示さない．

正解　3

1.6 旋光度測定法（旋光分散），円偏光二色性測定法，比旋光度

問題 1.90 日本薬局方医薬品各条中の旋光度の項に，$[\alpha]_D^{20} = -33.0 \sim -36.0°$（乾燥後，1 g，水，20 mL，100 mm）と記載されているとき，次の記述について，**誤っている**ものはどれか．
1 本品を乾燥減量の項に規定する条件で乾燥する．
2 その約 1 g を精密に量る．
3 水 20 mL を加えて溶かす．
4 溶かした液を層長 100 mm の測定管を用いて測定する．
5 温度は 20 ℃，ナトリウムスペクトルの D 線を用いて測定する．

解説 日本薬局方一般試験法の旋光度測定法に規定されている表現法である．

「本品を乾燥減量の項に規定する条件で乾燥し，その約 1 g を精密に量り，水に溶かし正確に 20 mL とし，この液につき，層長 100 mm で測定するとき，$[\alpha]_D^{20}$ が $-33.0 \sim -36.0°$ であることを示す」という意味である．

したがって，「水を加えて，正確に 20 mL とする」という意味であり，「水 20 mL を加えて溶かす」という意味ではない．

正解　3

1.6.2 生体分子の解析への応用

旋光分散（ORD）と円偏光二色性（CD）測定法は，他の機器分析法では決めにくい生体高分子の二次構造の解析に役立つ．

円二色性スペクトル（CD）の縦軸は左右円偏光の吸光係数の差（$\varepsilon_L - \varepsilon_R$）に対応している（L，R は，左と右の円偏光）．

円二色性スペクトル（CD）は，光学活性物質の絶対配置に関する知見を与えるので，構造解析に利用される．

カルボニル基を有する化合物の構造と旋光性の関係から，ある種の経験則が導かれた．置換基を有するシクロヘキサノン誘導体は，光学活性な環状のカルボニル化合物である．この化合物の立体構造と，旋光分散のコットン効果の正負の符号との関係を経験的に決めた法則をオクタント則という．カルボニル基に隣接する置換基の立体配

102　1. 分光分析法

置や絶対構造の決定に，さらに，ポリペプチドやDNAをはじめ生体高分子の高次構造の決定にも応用される．二重らせん構造をとるDNAの構造変化を，CDスペクトルで解析することができる．

さらに，溶媒を変えることによって，らせん構造の左巻き-右巻きの割合を明らかにすることが可能である．

構成成分が同じでも，空間配置が異なると，ORDやCDスペクトルが異なるので，これらのスペクトルは，高分子化合物の高次構造やDNAなどの二重らせん構造の解析に適用される．

問題 1.91 円二色性スペクトルに関する次の記述について，**誤っているもの**はどれか．

1　円二色性スペクトルは，左円偏光の光と右円偏光の光の試料溶液中でのモル吸光係数の差を波長の関数として示したものである．
2　円二色性スペクトルでは，短波長側に極大が長波長側に極小が現れるものを正のコットン効果という．
3　円二色性スペクトルでは，短波長側に極小が長波長側に極大が現れるものを正のコットン効果という．
4　円二色性スペクトルは，液体クロマトグラフィー用の検出器によっても得られる．
5　円二色性スペクトルは旋光分散スペクトルとともに，タンパクの高次構造の解析に有用である．

解説
1　円二色性（円偏光二色性，CD）とは，直線偏光を楕円偏光に変える性質をいう．光学活性物質に円偏光を通過させるとき，左右の円偏光に対する吸収係数が異なるために起こる現象である．化合物の立体構造を決めるのに有力な手法である．モル吸光係数の差と波長の関数として示したものが円二色性（CD）スペクトルである．
2　短波長側に山が，長波長側に谷の現れる現象を負のコットン効果という．

3 正のコットン効果である．
4 円二色性検出器が，液体クロマトグラフィー用の検出器としても利用できる．
5 タンパク質や核酸などの高次構造の解析に威力を発揮する．

(正解) 2

問題 1.92 図は 5α-コレスタン-3-オンの旋光分散（ORD），円偏光二色性（CD）および紫外吸収スペクトル（UV）の関係を示した曲線である．次の記述の中で，正しいものはどれか．

1 円偏光二色性曲線における極大波長は，紫外部吸収曲線の極小波長に対応する．
2 円偏光二色性曲線における極大波長は，旋光分散曲線の極小波長に対応する．
3 旋光分散曲線の極大波長は，円偏光二色性曲線の極大波長に一致する．
4 円偏光二色性曲線における極大波長は，旋光分散曲線の変曲点に対応する．
5 3種の曲線の極大波長はすべて同一波長である．

104　1. 分光分析法

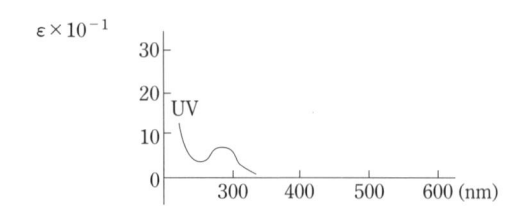

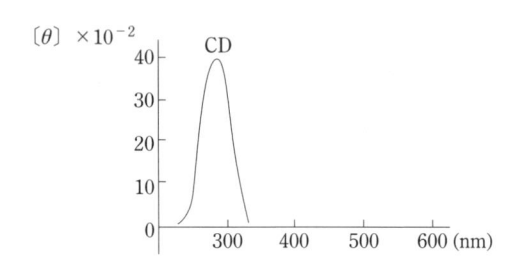

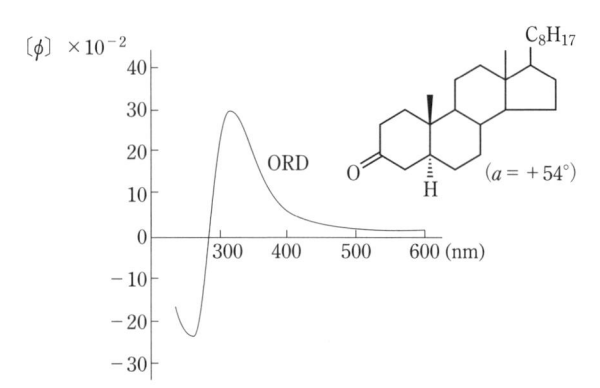

紫外吸収（UV），円偏光二色性（CD），旋光分散（ORD）曲線の関係
(中村　洋編集（2007）基礎薬学　分析化学Ⅱ，p.126，廣川書店より引用)

解説　1　円偏光二色性曲線における極大波長は，紫外部吸収曲線の極大波長に対応する．
　　　2　円偏光二色性曲線における極大波長は，旋光分散曲線の変曲点に一致する．
　　　3　旋光分散曲線の変曲点が，円偏光二色性曲線の極大波長に一致する．
　　　4　変曲点に一致する．

5　旋光分散曲線の極大波長は一致しない．

正解　4

問題 1.93　旋光分散（ORD）や円偏光二色性（CD）に関する記述のうち，**誤っている**ものはどれか．
1　タンパク質のらせん構造の解析ができる．
2　金属錯体の立体構造の解析ができる．
3　エナンチオマー（鏡像体）の区別ができる．
4　不斉合成から得られる光学活性化合物の解析ができる．
5　タンパク質を構成するアミノ酸組成を解析できる．

解説　CD スペクトルは特にタンパク質のらせん構造に強く現れることが知られ，タンパク質の二次構造（α-ヘリックス，β 構造，不規則構造）を解析して，骨格構造の研究によく用いられる．

また，金属錯体の立体構造の解析，鏡像（異性）体［分子を鏡に映したとき，その鏡像が実像とは異なる一対の分子．エナンチオマーとも呼ばれる］の区別をしたり，さらには，不斉合成から得られる光学活性化合物の解析などには不可欠な測定手段である．

CD スペクトルは，α-ヘリックスや β 構造などの含量を推定することもできる．

CD スペクトルからは，タンパク質の変性などの研究も行われる．

正解　5

◆ **確認問題** ◆

次の文の正誤を判別し，○×で答えよ．

□□□　1　光学活性物質の旋光度は測定波長により変化する．
□□□　2　波長を連続的に変更して測定した旋光度の変化を旋光分散といい，得られた曲線を旋光分散曲線という．
□□□　3　物質が旋光性をもつためには，分子中に少なくとも一個の不斉炭素原子が存在している必要がある．

1. 分光分析法

- □□□ 4 右旋性とは，偏光の進行方向に向き合ってみるとき，偏光面を右に回転する性質である．
- □□□ 5 円二色性は左右円偏光の，屈折率の差によって生じる．
- □□□ 6 CD スペクトルから光学活性な物質の絶対配置に関する情報が得られる．
- □□□ 7 日本薬局方では旋光度は示性値として位置づけられている．
- □□□ 8 比旋光度 $[α]_D^t$ は，一定条件下では物質に固有の値となる．
- □□□ 9 旋光分散や円偏光二色性スペクトルは，光学活性な分子の立体構造の推定に利用される．
- □□□ 10 ラセミ体の旋光度は理論的にはゼロである．
- □□□ 11 日本薬局方では，旋光度の測定は，特定の単色光を用い，通例，ナトリウムスペクトルの C 線で行う．
- □□□ 12 偏光の進行方向に向き合って，偏光面を右に回転するものを右旋性といい，数値の前に「－」を付す．また，左に回転するものを左旋性といい，数値の前に「＋」を付して示す．
- □□□ 13 旋光分散は，有機化合物の官能基の確認に役立つ測定手法である．
- □□□ 14 旋光分散曲線で縦軸に旋光度，横軸に波長をとるとき，長波長側に極大（＋），短波長側に極小（－）を示す場合を正のコットン効果といい，その逆の現象を負のコットン効果という．
- □□□ 15 旋光度測定器は，ガスクロマトグラフィー用の検出器としても用いられる．
- □□□ 16 円二色性スペクトルの縦軸は左右円偏光の吸光度の差に対応している．
- □□□ 17 円二色性スペクトルは光学活性物質の絶対配置に関する知見を与えるので，構造解析に利用される．
- □□□ 18 旋光分散と円二色性スペクトルは，本来別個の原理に基づくものである．
- □□□ 19 旋光分散や円二色性におけるコットン効果は，低分子有機化合物の立体構造を経験的に決める方法（オクタント則）に応用される．
- □□□ 20 ペプチド結合の円二色性スペクトル上で，α-ヘリックス，β-構造，ランダムコイル構造のそれぞれ特有のパターンが認められる．

正 解

1 ○	2 ○	3 ○	4 ○	5 ×	6 ○	7 ×
8 ○	9 ○	10 ○	11 ×	12 ×	13 ×	14 ○
15 ×	16 ○	17 ○	18 ×	19 ○	20 ○	

2　クロマトグラフィー

クロマトグラフィーとは，固定相と移動相への物質の親和性の違いにより各成分ごとに分離する方法である．クロマトグラフィーの分類と分離機構を表2.1にまとめた．

表 2.1　クロマトグラフィーの分類と分離機構

分　類	移動相	分離機構
液体クロマトグラフィー（LC）	液　体	
ろ紙クロマトグラフィー（PC）		分配・吸着
薄層クロマトグラフィー（TLC）		分配・吸着
カラムクロマトグラフィー（HPLC）		分配・吸着・イオン交換・サイズ排除・アフィニティー
ガスクロマトグラフィー（GC）	気　体	分配・吸着
超臨界流体クロマトグラフィー（SFC）	超臨界流体	分配・吸着・サイズ排除

1) 装　置

HPLC：移動相 → ポンプ → 試料導入部 → カラム → 検出器 → 記録装置

GC　：キャリアーガス → 調圧器 → 試料導入部 → カラム → 検出器 → 記録装置

SFC　：二酸化炭素ボンベ → ポンプ → 試料導入部 → カラム → 検出器 → 記録装置
　　　　モデファイヤタンク → ポンプ

2) 検出器

HPLCの検出器：紫外・可視検出器，蛍光検出器，質量分析計，電気化学検出器

GCの検出器　：熱伝導度検出器，水素炎イオン化検出器，電子捕獲検出器，炎光光度検出器，アルカリ熱イオン化検出器，質量分析計

SFCの検出器　：紫外・可視検出器，蛍光検出器，質量分析計，熱伝導度検出器，水素炎イオン化検出器，電子捕獲検出器，炎光光度検出器

3) 各種パラメータ

1) 保持時間 (t_R)

2) 質量分布比(k')　　$k' = \dfrac{t_R - t_0}{t_0}$

3) 理論段数(N)　　$N = 5.55 \times \left(\dfrac{t_R}{W_{0.5h}}\right)^2$

4) 分離係数(α)　　$\alpha = \dfrac{k'_B}{k'_A}$

5) 分離度(R_s)　　$R_s = 1.18 \times \dfrac{t_{RB} - t_{RA}}{W_{0.5hA} + W_{0.5hB}}$

6) シンメトリー係数(S)　　$S = \dfrac{W_{0.05h}}{2f}$

7) ピーク測定法
　　ピーク高さ法，ピーク面積法

2.1 ◆ クロマトグラフィーの種類，それぞれの特徴と分離機構

到達目標　クロマトグラフィーの種類を列挙し，それぞれの特徴と分離機構を説明できる．

問題 2.1　次のうち移動相にキャリアーガスを用いるのはどれか．
1. 超臨界流体クロマトグラフィー
2. ガスクロマトグラフィー
3. 液体クロマトグラフィー
4. 向流クロマトグラフィー
5. 薄層クロマトグラフィー

解説
1. 移動相には，超臨界流体（二酸化炭素）を用いる．
2. ガスクロマトグラフィーは，液体または固体を固定相として支持体に保持させた充てん剤を詰めたカラムに，窒素，ヘリウムなどの不活性気体（キャリアーガス）を移動相として通過させ，無機ガスや低沸点炭化水素などを分離する方法である．

2.1 クロマトグラフィーの種類，それぞれの特徴と分離機構

3　移動相には液体を用いる．有機溶媒と水の混合溶媒が通常使用される．
4　固定相も移動相も液体である液-液分配クロマトグラフィーを向流クロマトグラフィーという．
5　展開溶媒は液体なので，液体クロマトグラフィーに分類される．

正解　2

問題 2.2　次のうち移動相に二酸化炭素を用いるのはどれか．
1　液体クロマトグラフィー
2　ガスクロマトグラフィー
3　超臨界流体クロマトグラフィー
4　薄層クロマトグラフィー
5　向流クロマトグラフィー

解　説　クロマトグラフィーは移動相の違いにより，液体クロマトグラフィー，ガスクロマトグラフィー，超臨界流体クロマトグラフィーに分類される．

1，4，5は移動相に液体を用いる．2は移動相に気体，3は二酸化炭素の超臨界流体を用いる．

正解　3

問題 2.3　分配クロマトグラフィーの分離機構について，正しい記述はどれか．
1　物理的吸着性を利用して物質を分離する．
2　静電的な相互作用の差を利用して物質を分離する．
3　固定相液体と移動相との間の分配率の違いで物質を分離する．
4　分子の大きさによって物質を分離する．
5　生物的親和力の違いで物質を分離する．

解　説　1　吸着クロマトグラフィーの分離機構である．

2 イオン交換クロマトグラフィーの分離機構である．
3 分配クロマトグラフィーの分離機構である．
4 サイズ排除クロマトグラフィーの分離機構である．
5 アフィニティークロマトグラフィーの分離機構である．

正解 3

問題 2.4 液体クロマトグラフィーに関する記述のうち，正しいものはどれか．
1 液体クロマトグラフィーにおける分離機構には，イオン交換は適用できない．
2 逆相分配クロマトグラフィーの固定相の極性は移動相の極性に比べて高い．
3 順相分配クロマトグラフィーの固定相の極性は移動相の極性より低い．
4 逆相分配クロマトグラフィーの充てん剤には，オクタデシルシリル化シリカゲルがよく用いられる．
5 順相分配クロマトグラフィーでは，疎水性の高い物質ほど保持時間が長い．

解説 1 液体クロマトグラフィーでは，吸着，分配，サイズ排除，アフィニティー，イオン交換すべての分離機構が適用できる．
2 逆相分配クロマトグラフィーでは，オクタデシル（ODS）基のような疎水性な固定相を用い，水，アルコール，アセトニトリルのような親水性な移動相を用いる．
3 順相分配クロマトグラフィーでは，固定相は水のように親水性で，移動相はヘキサンなどの疎水性な有機溶媒を用いる．
4 正解である．逆相分配クロマトグラフィーではODSシリカが最も繁用されている．
5 順相分配クロマトグラフィーの固定相は，吸着した水である．したがって，親水性な物質ほど固定相との親和性が高く保持時間が長くなる．

[正解] 4

問題 2.5　液体クロマトグラフィーに関する記述のうち，正しいものはどれか．

1　定量に用いられる内標準物質は被検成分とは完全に分離する必要はない．
2　物質の確認は，試料の被検成分と標準被検成分の保持時間が一致することにより行う．
3　ピークの完全分離とは，分離度1.0以上を意味する．
4　ピーク面積は，ピーク高さにピークの変曲点に引いた接線がベースラインを切る幅を乗じて求める．
5　物質の確認，定量に用いられ，純度の試験には用いられない．

解説　1　内標準物質は被検成分と完全に分離し，ピーク面積などを測定しなければならない．
　　　2　正解である．同一のクロマトグラフィー条件下で保持時間が一致することにより物質の確認をする．
　　　3　ピークの完全分離とは，分離度1.5以上のことである．
　　　4　ピーク面積は通常，ピークの高さの半分におけるピーク幅にピーク高さを乗じて求める．
　　　5　液体クロマトグラフィーは，物質の確認，定量，純度の試験に用いられる．

[正解] 2

問題 2.6　液体クロマトグラフィーに関する記述のうち，正しいものはどれか．

1　クロマトグラム上の2成分の保持時間の比を分離度という．
2　クロマトグラム上のピークの対称性は理論段数で示す．
3　カラムに注入された成分が溶離されるとき，ピークの頂点までの時間を保持時間という．
4　シンメトリー係数が1より小さいと，テーリングピークである．

5 ピークの完全分離とは，分離係数1.0をいう．

解説 1 分離度は $R_s = 1.18 \times \dfrac{t_{RB} - t_{RA}}{W_{0.5hA} + W_{0.5hB}}$ で与えられ，保持時間の差とピークの半値幅から計算される．これは分離係数の記述である．

2 ピークの対称性はシンメトリー係数で表される．理論段数はカラム内で物質の広がりの度合を示すパラメータである．

3 正解である．保持時間(t_R)から固定相に全く保持されずカラムを素通りする成分の保持時間(t_0)を引いた時間を補正保持時間という．

4 シンメトリー係数(S)は $S = \dfrac{W_{0.05h}}{2f}$ で表され，1より小さいとリーディング（立ち上がりのほうが正規分布とはずれる）ピークという．

5 ピークの完全分離とは，分離度1.5以上のことである．

正解 3

問題2.7 ガスクロマトグラフィーに関する記述のうち，正しいものはどれか．
1 キャリアーガスに空気，酸素を用いる．
2 気化できない化合物は分離できない．
3 分離機構は主として，分配，吸着，イオン交換である．
4 カラムには充てんカラム，中空毛管カラム，充てん毛管カラムがある．
5 気体試料の分離にしか適用できない．

解説 1 キャリアーガスには，化学的に不活性なヘリウム，窒素，アルゴンガスなどを用いる．

2 気化できなくても，誘導体化により気化できる物質に変えれば，

分離できる．
3　分離の機構は主として吸着クロマトグラフィー，分配クロマトグラフィーである．
4　正解である．充てんカラムは内径 2～6 mm，長さ 0.5～20 m のガラスまたは不活性な金属性のカラムに充てん剤をつめたカラムである．また，充てんカラムよりも細く，内径が 0.5～1.0 mm，長さ 0.5～5 m の毛管カラムに充てん剤をつめた充てん毛管カラムも使用されている．中空毛管カラムは内径 0.1～0.5 mm で充てんカラムよりもさらに細く，長さ 10～200 m のガラスまたは石英の毛細管の内側に固定相を保持させたカラムである．
5　誘導体化により，気化できる物質に変えれば分離できる．

正解　4

問題 2.8　超臨界流体クロマトグラフィーに関する記述のうち，正しいものはどれか．
1　超臨界二酸化炭素の密度は気体より小さい．
2　超臨界二酸化炭素は溶解力が弱い．
3　超臨界二酸化炭素の拡散係数は気体よりも小さい．
4　超臨界二酸化炭素の粘度は液体に近い．
5　超臨界二酸化炭素は，二酸化炭素を超低温，超減圧にすると得られる．

解説
1　超臨界二酸化炭素の密度は気体の 100 倍もある．
2　性質は液体に近く，物質の溶解力は強い．
3　正解である．拡散係数は液体よりも大きいが，気体よりも小さいので，高速，高効率分離が期待される．
4　粘度は気体に近く，カラム内での抵抗が少ない．
5　超臨界二酸化炭素は二酸化炭素を臨界温度（31.1 ℃）以上，臨界圧（7.38 MPa）以上にすると得られる．

正解　3

問題 2.9 薄層クロマトグラフィーに関する記述のうち、正しいものはどれか。
1 展開中容器は密閉しない。
2 物質の定量に用いられる。
3 R_f 値は 1 より小さい。
4 ろ紙クロマトグラフィーに比べて検出感度が悪い。
5 発色試薬で発色させなければ検出できない。

解説
1 展開するにあたって、ろ紙を展開槽の器壁に沿って巻き、展開溶媒に浸す。展開槽の中が十分に展開溶媒の蒸気で飽和されるまで室温で放置し、容器を密閉し常温で展開する。
2 日本薬局方一般試験法の物理的試験法に収載されており、物質の確認または純度の試験に用いられる。
3 正解である。R_f 値は、原線からスポットの中心までの距離を原線から溶媒先端までの距離で除した値であるので、1 より小さくなる。
4 ろ紙クロマトグラフィーより検出感度は 10〜100 倍良いが、R_f 値が変動しやすいのが欠点である。
5 無機蛍光物質が含有されている吸着剤を塗布した薄層板を使用すれば、254 nm の励起光で緑黄色の蛍光を発するので、発色試薬を使う必要がない。

正解 3

◆ 確認問題 ◆

次の文の正誤を判別し、○×で答えよ。

□□□ 1 液体クロマトグラフィーで適用できる分離機構は、分配と吸着モードのみである。
□□□ 2 ガスクロマトグラフィーでは、イオン交換はできない。
□□□ 3 薄層クロマトグラフィーでは、アフィニティーはできない。

2.1 クロマトグラフィーの種類，それぞれの特徴と分離機構

□□□ 4　超臨界流体クロマトグラフィーの分離機構は，主として分配である．

□□□ 5　向流クロマトグラフィーでは，固定相支持体を用いない．

□□□ 6　分配クロマトグラフィーでは，固定相に液体は用いられない．

□□□ 7　吸着クロマトグラフィーでは，多孔性で表面積が大きい充てん剤が用いられる．

□□□ 8　陽イオン交換クロマトグラフィーの固定相は，陰電荷をもっている．

□□□ 9　サイズ排除クロマトグラフィーでは，分子量の小さい順にカラムから溶出する．

□□□ 10　アフィニティークロマトグラフィーでは，タンパク質は分離できない．

□□□ 11　カラム効率は理論段数で示される．

□□□ 12　分離度は，2成分のピーク幅は考慮しないパラメータである．

□□□ 13　シンメトリー係数が1ならば，ピークの形状は正規分布形である．

□□□ 14　ピーク測定法のピーク面積法は，ベースラインにおけるピーク幅にピーク高さを乗じる方法である．

□□□ 15　システムの適合性試験には，システムの性能とシステムの再現性が規定されている．

□□□ 16　順相分配クロマトグラフィーは，脂溶性物質の分離に適している．

□□□ 17　逆相分配クロマトグラフィーは，親水性物質の分離に適している．

□□□ 18　ガスクロマトグラフィーでは，気化できない物質は分離できない．

□□□ 19　超臨界流体クロマトグラフィーでは，移動相（二酸化炭素）に溶けにくい物質にはモデファイヤを添加する．

□□□ 20　薄層クロマトグラフィーは，物質の確認または純度の試験に用いられる．

正 解

1	×	2	○	3	○	4	×	5	○	6	×	7	○
8	○	9	×	10	×	11	○	12	×	13	○	14	×
15	○	16	○	17	○	18	×	19	○	20	○		

2.2 ◆ クロマトグラフィーの検出法と装置

到達目標 クロマトグラフィーで用いられる代表的な検出法と装置を説明できる.

> **問題 2.10** 液体クロマトグラフィーに用いられる検出器に関する記述のうち，正しいものはどれか.
> 1 紫外・可視検出器は蛍光検出器より感度が高い.
> 2 示差屈折検出器は，紫外部の光を吸収しない物質の検出はできない.
> 3 蛍光検出器の光源にはキセノンランプを使用する.
> 4 電気化学検出器は，電極との間で電子の授受が起こらない.
> 5 質量分析計は検出器としては用いられない.

解説
1 紫外・可視検出器の検出感度が 1×10^{-8} g/mL に対して，蛍光検出器の感度は 1×10^{-11} g/mL であり，蛍光検出器のほうが検出感度が高い.
2 試料セルと対照セルとの間の屈折率の違いを検出する示差屈折検出器は，紫外部の光を吸収しない物質の検出ができる.
3 正解である. 蛍光検出器は，ある励起波長の光を照射するとき蛍光を発する蛍光性の成分の検出に用いられる. 紫外部から可視部にまたがって，強い連続光を発するキセノンランプが用いられる.
4 電気化学検出器は，作用電極上で検出目的物質が酸化もしくは還元されて，電極との間で電子の授受が起こるときに流れる電流を測定する検出器である.
5 質量分析計は，液体クロマトグラフィーの検出器として用いられる. イオン化の方法として，エレクトロスプレーイオン化，大気圧化学イオン化，高速電子衝撃イオン化法などが用いられ

ている．

(正解) 3

問題 2.11 液体クロマトグラフィーの装置として**用いられない**のはどれか．
1 ポンプ
2 試料導入部
3 カラム
4 調圧器
5 検出器

解説 液体クロマトグラフィーの装置は，移動相送液用ポンプ，圧力計，試料導入部（インジェクター），カラム，検出器，記録計（レコーダー）から構成される．4の調圧器は，ガスクロマトグラフィーの装置に用いられる．

(正解) 4

問題 2.12 アミノ酸クロマトグラフィーの検出法に関する記述のうち，正しいものはどれか．
1 蛍光検出器で検出する．
2 紫外分光光度計で検出する．
3 カラムの中でニンヒドリンと反応させ，可視部検出器で検出する．
4 ニンヒドリンをプレラベル化剤として使用し，可視部検出器で検出する．
5 ニンヒドリンをポストラベル化剤として使用し，可視部検出器で検出する．

解説 1 アミノ酸は蛍光をもたないので，蛍光検出器では検出できない．
2 紫外線を吸収しないアミノ酸も存在するので，紫外部検出器では検出できない．

3 カラム内では反応させない．
4 アミノ酸は，ニンヒドリンでカラムに注入する前に誘導体化すると，相互分離が悪かったりするので，ポストラベルとして，分離後に誘導体化する．
5 正解である．

正解　5

問題 2.13 ガスクロマトグラフィーの装置として用いるものはどれか．
1 試料導入部
2 紫外・可視検出器
3 ポンプ
4 反応コイル
5 モデファイヤ

解説 1 正解である．試料導入部は，液体クロマトグラフィー，ガスクロマトグラフィー，超臨界流体クロマトグラフィーいずれでも使用される．ガスクロマトグラフィーの場合，気体試料はガス導入装置またはガスタイトシリンジを用い，液体試料はガスクロマトグラフ用マイクロシリンジを用いて，試料導入部から注入する．
2 液体クロマトグラフィー，超臨界流体クロマトグラフィーで用いられる．
3 ガスクロマトグラフィーでは，ポンプに代わって調圧器を用いる．
4 アミノ酸クロマトグラフィーのポストラベル化のときに使用するコイルである．
5 超臨界流体クロマトグラフィーで，移動相に溶けにくい物質の溶解を助ける物質（メタノール，エタノール）で，移動相の組成をわずかに変える性質がある．

正解　1

問題 2.14 ガスクロマトグラフィー用の検出器の中で，C-H 結合をもつ有機化合物の検出に用いられるものはどれか．
1 熱伝導度検出器
2 水素炎イオン化検出器
3 電子捕獲検出器
4 炎光光度検出器
5 アルカリ熱イオン化検出器

解説

1 熱伝導度検出器は，キャリアーガスと混合ガス（キャリアーガスと試料）の熱伝導度の差を電気信号として検出する．したがって，ほとんどすべての無機化合物，有機化合物の検出が可能である．特に，無機ガスは他の検出器では分析できないので，無機ガスの検出に有用である．

2 正解である．水素炎イオン化検出器を用いてカラムから溶出してきた有機化合物を水素炎中で燃焼させると，炭素はイオン化される．発生したイオン化電流を検出する．C-H 結合をもつ有機化合物すべてが検出できる．

3 電子捕獲検出器は，有機ハロゲン化合物などの高感度分析に使用される．カラムからハロゲン原子のように電気陰性度の大きい物質が検出器に入ってくると，キャリアー陽イオン化のときに生じた電子を捕えて陰イオンになる．この陰イオンはキャリアー陽イオンと速やかに結合するので，電極間に流れていたイオン電流が減少し電気信号に変化が現れる．

4 カラムから溶出したリンまたはイオウ化合物が水素炎中で燃焼するとき，リンでは 526 nm，イオウでは 394 nm の炎光を発するので，この光を検出する．

5 アルカリ熱イオン化検出器は，含窒素，含リン有機化合物に対し選択的な検出器である．

正解 2

問題 2.15 ガスクロマトグラフィーで電子捕獲検出器を用いて検出するものはどれか.

1. 含窒素,含リン有機化合物
2. リン,イオウ化合物
3. 有機ハロゲン化合物
4. C–H 結合をもつ有機化合物
5. 無機化合物

解説
1. アルカリ熱イオン化検出器で検出する化合物である.
2. 炎光光度検出器で検出する化合物である.
3. 正解である.電子捕獲検出器で検出する化合物である.
4. 水素炎イオン化検出器で検出する化合物である.
5. 熱伝導度検出器で検出する物質である.

正解 3

問題 2.16 超臨界流体クロマトグラフィーの検出器として**用いられない**ものはどれか.

1. 紫外・可視検出器
2. 質量分析計
3. 示差屈折検出器
4. 熱伝導度検出器
5. 電子捕獲検出器

解説
1. 超臨界流体クロマトグラフィー,液体クロマトグラフィーで使用される.
2. 超臨界流体クロマトグラフィー,液体クロマトグラフィー,ガスクロマトグラフィーのいずれでも用いられる検出器である.
3. 正解である.液体クロマトグラフィーで用いられるが,ガスクロマトグラフィー,超臨界流体クロマトグラフィーでは使用さ

　　　　れない．
　　4　超臨界流体クロマトグラフィー，ガスクロマトグラフィーで用
　　　　いられる検出器である．
　　5　超臨界流体クロマトグラフィー，ガスクロマトグラフィーで用
　　　　いられる検出器である．

　　　　　　　　　　　　　　　　　　　　　　　　　　正解　3

問題 2.17　超臨界流体クロマトグラフィーの装置に関する記述のうち，
　　　　　正しいものはどれか．
　　1　モデファイヤは，二酸化炭素ボンベと試料導入部の間に送液
　　　　する．
　　2　モデファイヤは，試料導入部とカラムの間に送液する．
　　3　モデファイヤは，カラムと検出器の間に送液する．
　　4　モデファイヤは，検出器と圧力計の間に送液する．
　　5　モデファイヤは，圧力計と背圧制御器の間に送液する．

解　説　分析する物質が，超臨界流体に溶けにくかったり，相互分離が不可
　　　　能なことがある．この場合，分析する物質の移動相へ溶解を促進さ
　　　　せたり，相互分離を良くするために，メタノール，エタノールなど
　　　　のアルコール類や他の有機溶媒を添加する．このように，移動相の
　　　　組成をわずかに変えるために加えられる物質をモデファイヤという．
　　　　したがって，モデファイヤは試料を導入する前に加えておく必要が
　　　　ある．

　　　　　　　　　　　　　　　　　　　　　　　　　　正解　1

問題 2.18　薄層クロマトグラフィーに関する記述のうち，正しいものは
　　　　　どれか．
　　1　プラスチックは吸着材の支持体には用いられない．
　　2　スプレッダー，アプリケータを用いて薄層板を作成する．
　　3　検出には発色試液を必ず使用する．
　　4　展開するとき，密封する必要はない．

> 5 R_f 値は 1 以上になる場合もある．

解説 1 プラスチック板も用いられる．
2 正解である．
3 無機蛍光物質が含有されている吸着剤を用いれば，発色させなくても検出できる．
4 展開溶媒の蒸気で飽和した容器内で展開する．
5 R_f 値は 0 以上 1 以下である．

正解 2

◆ 確認問題 ◆

次の文の正誤を判別し，○×で答えよ．

□□□ 1 液体クロマトグラフィーの検出には示差屈折検出器は用いられない．
□□□ 2 ガスクロマトグラフィーの検出には蛍光検出器が用いられる．
□□□ 3 液体クロマトグラフィー，ガスクロマトグラフィーの検出には質量分析計が使用される．
□□□ 4 液体クロマトグラフィー，超臨界流体クロマトグラフィーには電子捕獲検出器が用いられる．
□□□ 5 ガスクロマトグラフィー，超臨界流体クロマトグラフィーには水素炎イオン化検出器が用いられる．
□□□ 6 紫外・可視部検出器の光源には，紫外部で重水素放電管，可視部でタングステンランプが用いられる．
□□□ 7 蛍光検出器の光源にはハロゲンタングステンランプが用いられる．
□□□ 8 電気化学検出器では，検出物質が酸化還元反応を起こす．
□□□ 9 質量分析計は超臨界流体クロマトグラフィーでも使用される．
□□□ 10 ガスクロマトグラフィーでは，充てんカラムと中空毛管カラムが使用される．
□□□ 11 熱伝導度検出器は，有機化合物，無機化合物の検出が可能である．
□□□ 12 水素炎イオン化検出器は，C-O 結合をもつ化合物の検出ができる．
□□□ 13 電子捕獲検出器は，残留農薬など有機ハロゲン化合物の検出に利用され

ている．

☐☐☐ 14　アルカリ熱イオン化検出器は，含イオウ化合物の検出に用いられる．

☐☐☐ 15　アミノ酸クロマトグラフィーでは，ニンヒドリンによるポストカラム誘導体化で検出する．

☐☐☐ 16　アミノ酸クロマトグラフィーでは，ニンヒドリンによるプレカラム誘導体化で検出する．

☐☐☐ 17　超臨界流体クロマトグラフィーでは，充てんカラムやキャピラリーカラムを使用する．

☐☐☐ 18　超臨界流体クロマトグラフィーでは，圧力を正確に保つ必要はない．

☐☐☐ 19　薄層クロマトグラフィーで展開するとき，展開槽の中は展開溶媒の蒸気で飽和させる必要がある．

☐☐☐ 20　薄層クロマトグラフィーでスポットするとき，マイクロシリンジは用いてはならない．

正　解

1	×	2	×	3	○	4	×	5	○	6	○	7	×
8	○	9	○	10	○	11	○	12	×	13	○	14	×
15	○	16	×	17	○	18	×	19	○	20	×		

3 核磁気共鳴スペクトル

3.1 ◆ 原 理

到達目標
1) 核磁気共鳴スペクトルの原理を説明できる．
2) NMR スペクトルの概要と測定法を説明できる．

核磁気共鳴（NMR）スペクトル測定法の原理を理解するためには，「核磁気モーメント」と「共鳴」という2つのキーワードの理解が必須である．

1) 核磁気

原子核は正の電荷をもち自転している．そのため磁場を生じ，原子核を磁石とみなすことができる．原子核がもつ磁気のことを核磁気モーメントと呼び，磁場中ではゼーマン効果により，複数のエネルギー準位に分裂する．

2) 共 鳴

磁場中で原子核は，倒れかけたコマの軸が首振り回転運動をするのと同じように振舞う．この自転軸の回転運動をラーモア歳差運動と呼ぶ．この歳差運動の速さと，同じ周波数の電磁波（ラジオ波）が照射されるとき共鳴が起こり，その電磁波のエネルギーにより，低いエネルギー準位にある核磁気モーメントが高いエネルギー準位に遷移する．

3) 測定の原理

ラーモアの歳差運動の速さは外部磁場の強さに比例する．測定分子が同じ磁場中にあっても個々の ^1H（プロトン）で，ほんの少しずつだが感じる磁場強度が違う（理由は 3.2.1 を参照）．そのため，個々のプロトンの歳差運動の速度が異なり，共鳴する電磁波の周波数も異なることになる．この共鳴周波数の差によって，個々のプロトンを区別して測定することが可能となり，それらシグナルの集合体である NMR スペク

トルは構造解析を可能にしてくれる．

4) 測定できる原子核

NMR スペクトル測定法では，測定する原子核として ^{1}H または ^{13}C がよく使われる．これは，スピン量子数（I）が $\frac{1}{2}$ の原子核が NMR スペクトル測定に適しているためである．スピン量子数はゼーマン分裂が何個に分裂するかを決めており，その数は $2 \times I + 1$ で決まる．スピン量子数が $\frac{1}{2}$ のときエネルギー準位の分裂数は $2 \times \frac{1}{2} + 1 = 2$ 個となり，シャープなシグナルを与え，感度良く測定することができる．^{12}C のスピン量子数は 0 であり，分裂する数は $2 \times 0 + 1 = 1$ 個のため，分裂が起こらない．このような原子核は，核磁気共鳴法ではまったく測定できない．表 3.1 に主な原子核のスピン量子数をまとめた．

表 3.1　スピン量子数

スピン量子数	原子（同位体）
0	^{12}C, ^{16}O, ^{32}S
$\frac{1}{2}$	^{1}H, ^{13}C, ^{15}N, ^{19}F, ^{31}P
1	^{2}H, ^{14}N
$\frac{3}{2}$	^{11}B, ^{35}Cl, ^{37}Cl

5) 測定法

測定装置として，連続波 NMR スペクトル測定装置またはパルス・フーリエ変換 NMR スペクトル測定装置が使用される．後者の装置は連続波をフーリエ変換することで前者の方法の約 100 倍もの速さで測定することが可能で，多数の積算が必要な ^{13}C-NMR スペクトル測定にも対応できる．試料は通常，液体で測定する．固体試料の溶解には，核磁気共鳴法専用の溶媒を使用する．^{1}H を測定対象とする場合には，^{2}H（重水素，D）が含まれた溶媒，例えば，重水（D_2O），重メタノール（CD_3OD），重クロロホルム（$CDCl_3$）などが使用される．さらに，共鳴周波数の基準物質となるテトラメチルシラン（TMS）などを少量加えておく．

3.1 原理

問題 3.1 核磁気共鳴法で利用される電磁波の波長に最も近いものを選べ．
1. 10^{-10} m
2. 10^{-8} m
3. 10^{-6} m
4. 10^{-4} m
5. 1 m

解説 核磁気共鳴法で使われる磁場強度は通常，数テスラ～数十テスラであり，プロトンの歳差運動の速度は数百 MHz 程度になる．この歳差運動に共鳴する電磁波も数百 MHz の周波数をもつ電磁波である．例えば，100 MHz の電磁波の波長を計算してみる．100 MHz とは 1 秒間に 100×10^6 回振動することであるので，光が 1 秒間に進む距離を 30 万 km（3×10^8 m）とすると，1 回当たりの波の長さ（波長）は次のように計算できる．

$$\frac{3 \times 10^8 \text{ (m/s)}}{100 \times 10^6 \text{ (s}^{-1}\text{)}} = 3 \text{ (m)}$$

100 MHz の電磁波の波長は，3 m であることがわかる．この付近の電磁波はラジオ波と呼ばれる．

[正解] 5

問題 3.2 次の同位体のうち，核磁気共鳴法でまったく**検出できない**ものを 1 つ選べ．
1. ^{1}H
2. ^{2}H
3. ^{12}C
4. ^{13}C
5. ^{19}F

解説 NMRスペクトル測定法では，原子核のスピン量子数が $\frac{1}{2}$ である原子核を感度良く測定できる．本問題では，^1H，^{13}C，^{19}F の原子核が該当し，エネルギー準位の分裂数が2，すなわち「低い」と「高い」という単純な分裂であるために，シャープなシグナルのスペクトルが得られる．スピン量子数が1の原子核（本問題では ^2H）では，エネルギー準位の分裂は複雑なものになる．そのため，シグナルは幅広いものになるが検出できないわけではない．一方，^{12}C のスピン量子数は0であり，これはエネルギー準位の分裂がないことを示している．エネルギー準位の分裂のない原子核は核磁気共鳴法で検出することができない．炭素の構造情報を得るためには ^{12}C を使用できず，^{13}C を利用しなければならない．^{13}C の天然存在比は小さい（1％程度）のでNMRスペクトルの測定に時間を要する．

正解　3

◆ 確認問題 ◆

次の文の正誤を判別し，○×で答えよ．

□□□ 1　NMRスペクトル測定法で使用する電磁波は紫外線よりもエネルギーが小さい．

□□□ 2　^1H-NMRスペクトル測定法ではプロトンのみが検出される．

□□□ 3　磁場中では，原子核は倒れかけたコマのように回り，回転軸の歳差運動を生じる．

□□□ 4　原子核の歳差運動の回転速度は原子核の種類で決まっており，外部磁場に影響されない．

□□□ 5　磁場の強さが同じであるとき，^1H と ^{13}C の原子核の歳差運動の速度は同じである．

□□□ 6　NMRスペクトル測定装置のシグナルの分解能は，測定装置の磁場の強さに影響される．

□□□ 7　^1H-NMRが核磁気共鳴法でよく使用されるのは，^1H の原子量が最小であるためである．

□□□ 8　炭素原子を検出するNMRスペクトル測定では天然存在比が大きい ^{12}C を

検出している.

正 解

1 ○

2 × ^{2}H も検出される.

3 ○

4 × 原子核の歳差運動の回転速度は外部磁場の強度に比例して速くなる.

5 × 同じ磁場強度でも元素の種類によって歳差運動の速度が異なる.このおかげで2つの原子核を別々に分析することができる.

6 ○

7 × NMRスペクトル測定法で,^{1}H が対象原子核としてよく用いられるのは次の理由がある.

　　ア) ^{1}H のスピン量子数が $\frac{1}{2}$ であるから.

　　イ) ^{1}H の天然存在率が 99.9 % であるから.

　　ウ) 有機化合物のほとんどが水素を含んでいるから.

8 × ^{12}C は NMR スペクトル測定法では検出できない.

3.2 ◆ ¹H-NMR スペクトル

3.2.1 化学シフト

到達目標
1) 化学シフトに及ぼす構造的要因を説明できる.
2) 有機化合物中の代表的な水素原子について，おおよその化学シフト値を示すことができる.

1) NMR スペクトルの見方

NMR スペクトルを解読するためには，図 3.1 で示す 3 つの点に着目する.
ア) シグナルが出る化学シフトの値を読み取る.
イ) シグナルの面積を読み取る（積分曲線の長さで表されている）.
ウ) シグナルの分裂した形，数を読み取る（スピン-スピン結合という）.

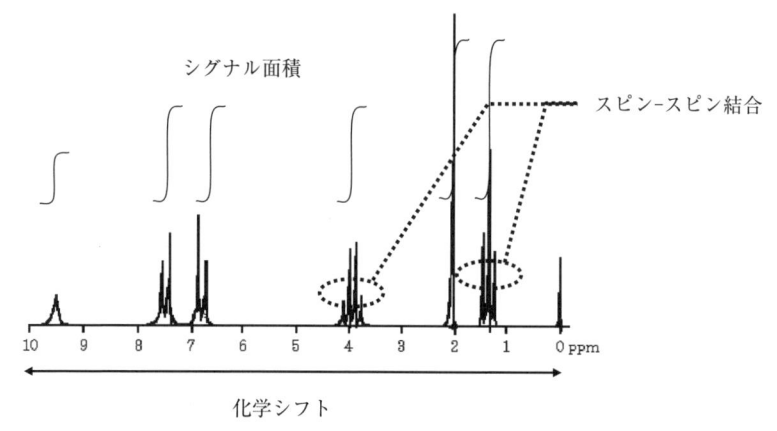

図 3.1 NMR スペクトル解読のための着目点

ここではスペクトルの横軸である化学シフトについて説明する.

2) 化学シフト

分子中の各々のプロトンにおける共鳴電磁波の振動数の違いを，相対的に表したのが化学シフトである．化学シフトは次の式で計算され，通例，ppm（百万分の一）で表される.

化学シフト（ppm）

$$= \frac{\text{あるプロトンの共鳴周波数} - \text{基準物質のプロトンの共鳴周波数}}{\text{操作周波数}} \times 10^6$$

まず，基準物質のプロトンの共鳴周波数との差を求める．通常は数百〜数千 Hz である．その差を操作周波数で割り，それを百万倍したのが化学シフトである．例えば，基準物質のプロトンの共鳴周波数との差が 400 Hz で操作周波数が 100 MHz であれば，次のように計算できる．

$$\text{化学シフト（ppm）} = \frac{400}{100 \times 10^6} \times 10^6 = 4 \text{ ppm}$$

化学シフトは操作周波数との比であるので，外部磁場の強さは化学シフトに影響しない．^{1}H-NMR の基準物質としては，テトラメチルシラン（TMS）がよく使用される．

3）化学シフトに影響する要因

測定分子中の個々のプロトン間で「感じる」磁場強度が違うため，共鳴する電磁波の周波数にも違いを生じる．化学シフトは，この共鳴する電磁波の周波数の違いを相対的に表したものといえる．^{1}H-NMR スペクトル測定装置内では同じ磁場強度が測定分子に与えられているはずであるが，磁場の遮へい効果と磁気異方性効果により，個々のプロトンで感じる磁場強度が異なる．

4）磁場の遮へい効果

個々のプロトンの周りにある電子の濃さが違うと，感じる磁場強度にも違いが生じる．プロトンの周りに電気陰性度の大きな原子があると，プロトン付近の電子密度が薄くなる．そのため外部からの磁場の遮られ方が少なくなり，プロトンが感じる磁場強度も強い．大きく化学シフトしたシグナルが現れる．

5）磁気異方性効果

二重結合を形成している π 結合性軌道が磁場中におかれると，電子雲が回転し新たに磁場を生じる．この磁場を誘起磁場と呼ぶ．新たな磁場は外部磁場と加算もしくは減算されて，プロトンが感じる磁場強度がより強く，もしくは弱くなる．加算か減算かはプロトンと誘起磁場との位置関係で変わる．特に，芳香族の π 電子は環上をまわることから環電流効果と呼び，大きな化学シフトを与える．

6) 代表的な構造と化学シフト

図3.2に示した構造について，おおよその化学シフトの値を暗記しておきたい．その際に磁場の遮へいの強さ，磁気異方性効果の大きさについて考えながら覚えておくことが重要である．

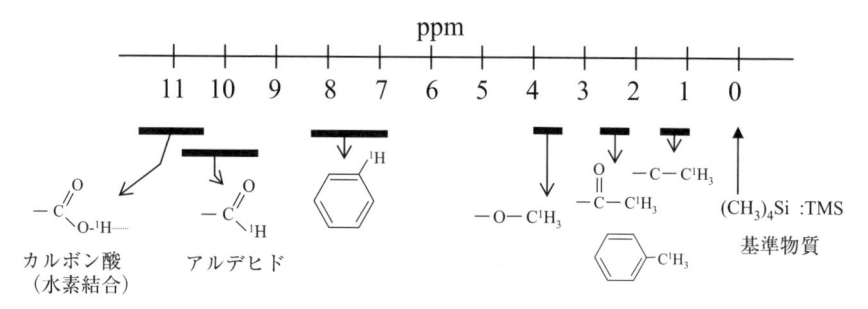

図3.2 代表的な構造の化学シフト

カルボン酸（水素結合）／アルデヒド／$-O-^1CH_3$／$(CH_3)_4Si$:TMS 基準物質 など

問題 3.3 外部磁場強度が9.6テスラの ^{1}H-NMR スペクトル測定装置で，基準物質テトラメチルシラン（TMS）とある芳香族化合物を測定した．TMS のプロトンが 400.0000 MHz で共鳴するとき，測定したプロトンは 400.0028 MHz で共鳴した．化学シフトの値を求めよ．

1　0.28 ppm
2　0.7 ppm
3　2.8 ppm
4　7.0 ppm
5　28 ppm

解説 TMS は基準物質であり，その共鳴周波数を 0 ppm と規定する．測定化合物の ^{1}H と TMS の ^{1}H との共鳴周波数の差は，400.0028 MHz − 400.0000 MHz = 0.0028 MHz である．この差を操作周波数（基準物質のプロトンの共鳴周波数と同じ）で割った値に，10^6 を乗じたものが化学シフトであるので，次のように計算される．

測定化合物のプロトンの化学シフト (ppm) $= \dfrac{0.0028 \ (\mathrm{MHz})}{400 \ (\mathrm{MHz})} \times 10^6 = 7.0$ ppm

正解　4

問題 3.4 ^{1}H-NMR スペクトル測定法において，0 ppm 付近にシグナルが現れる構造を 1 つ選べ．

1　－CHO
2　$\begin{array}{c}|\\-\mathrm{Si}-\mathrm{CH}_3\\|\end{array}$
3　－CO－CH$_3$
4　－O－CH$_3$
5　Ph－CH$_3$

解説　$\begin{array}{c}|\\-\mathrm{Si}-\mathrm{CH}_3\\|\end{array}$ は基準物質テトラメチルシランの構造の一部であり，0 ppm を規定する．残り 4 つの構造についても下記の表で化学シフトを示した．

化学構造	化学シフト
アルデヒド (－CHO)	おおよそ 10 ppm
カルボニルの隣にあるメチル基のプロトン (－CO－CH$_3$)	2 ～ 3 ppm 付近
酸素が隣にあるメチル基のプロトン (－O－CH$_3$)	3 ～ 4 ppm 付近
芳香族が隣にあるメチル基のプロトン (Ph－CH$_3$)	2 ～ 3 ppm 付近

正解　2

問題 3.5　次のア，イの構造について，正しい記述を 1 つ選べ．

$\begin{array}{c}|\\-\mathrm{Si}-\mathrm{C}^1\mathrm{H}_3\\|\\\text{ア}\end{array}$　　　$-\mathrm{O}-\mathrm{C}^1\mathrm{H}_3$　イ

1　アよりもイのほうが低磁場側に現れるのは，イの ^{1}H 付近の磁場の遮へい効果が大きいからである．
2　アよりもイのほうが高磁場側に現れるのは，イの ^{1}H 付近の磁

場の遮へい効果が大きいからである.
3 アよりもイのほうが低磁場側に現れるのは,イの ^1H 付近の磁場の遮へい効果が小さいからである.
4 アよりもイのほうが高磁場側に現れるのは,イの ^1H 付近の磁場の遮へい効果が小さいからである.
5 アとイが同じ化学シフト値に現れるのは,両者の ^1H 付近の磁場の遮へい効果が同じためである.

解　説　高磁場側と低磁場側という NMR スペクトル測定法の独特の言い回しと,磁場の遮へい効果との関連についてしっかりと理解したい.

【高磁場側と低磁場側】　この表現は一昔前の NMR スペクトル測定装置を使用していた頃のなごりである.連続波 NMR スペクトル測定装置では,電磁波発信器からは一定の振動数のラジオ波が照射される.そのため,磁場強度を変化させて発信器の電磁波に個々のプロトンを共鳴させる必要があった.例えば,磁場の遮へい効果の低いプロトンや誘起磁場の加算的な影響を受けているプロトン(大きな化学シフトになる)を測定するためには,装置の磁場を低磁場側に調節する.高磁場側は低い化学シフトの値(0 ppm)側であることを意味し,低磁場側は高い化学シフトの値(10 ppm)側であることを意味している.数字の増減と,磁場強度の高い低いが反対なので注意が必要である.

【磁場の遮へい効果】　「電子密度が濃い→磁場の遮へい効果が大きい→高磁場側へシフトする」という理解が必要である.磁場の遮へいとは太陽光線が雲で遮られるようなもので,遮へい効果が大きいということは雲が厚いということである.

　アはテトラメチルシラン構造の一部であり,シグナルは 0 ppm に現れる.イのシグナルは 4 ppm 付近に現れ,したがってイのほうが低磁場側に現れることになる.シランと酸素とでは酸素のほうが大きな電気陰性度をもつので,隣りのメチル基のプロトン付近の電子密度が減少し,磁場の遮へい効果が小さくなる.その結果,低

磁場側にシフトする．

正解 3

問題 3.6 次の化合物の ^{1}H-NMR スペクトルを測定した．シグナル A，B，C について，正しい記述を 1 つ選べ．

（構造式：H$_3$C–CH$_2$–O–C$_6$H$_4$–NH–CO–CH$_3$，A = H$_3$C，B = CH$_2$，C = CH$_3$）

1　A は，B よりも高磁場側に現れる．
2　B は，A よりも高磁場側に現れる．
3　C は，A よりも高磁場側に現れる．
4　B は，C よりも高磁場側に現れる．
5　A，B，C は，ほぼ同じ化学シフトに現れる．

解説　各々のプロトンの化学シフトを考えるときには，一般的に隣りの構造に注目する．A の隣りは CH$_2$ であり，C の隣りは C=O である．すなわち，A は 1 ppm 付近に，C は 2～3 ppm 付近にシグナルが現れると予想できる．B は CH$_3$ と O に挟まれているので両方の影響を考え，4 ppm 付近にシグナルが現れると予想できる．化学シフトは B（4 ppm 付近）＞ C（2～3 ppm 付近）＞ A（1 ppm 付近）となり，A は B よりも高磁場側に現れている．

正解 1

◆ 確認問題 ◆

次の文の正誤を判別し，○×で答えよ．

□□□　1　基準物質のプロトンに共鳴する電磁波の周波数と，測定化合物中のプロトンのそれとの差を Hz で表したものが化学シフトである．

□□□　2　^{1}H-NMR の基準物質として，テトラメチルシラン（TMS）がよく使われ

る．

☐☐☐ 3　各原子がおかれている微少な磁場環境の違いで化学シフトを生じる．

☐☐☐ 4　核磁気共鳴は原子核スピンの励起を伴う現象であり，周辺電子の状態は化学シフトに影響しない．

☐☐☐ 5　外部磁場の強さが2倍になると，化学シフトも2倍になる．

☐☐☐ 6　テトラメチルシランのメチルプロトンは，ベンゼンの芳香族プロトンに比べて磁気的遮へいが大きい．

☐☐☐ 7　プロトンの周りの電子密度が濃いと，より高磁場側に現れる．

☐☐☐ 8　テトラメチルシランのメチルプロトンは，カルボニルの隣りにあるメチルプロトンよりも高磁場側に現れる．

☐☐☐ 9　誘起磁場の影響は常に相加的に働く．

☐☐☐ 10　芳香族化合物では環電流効果が現れ，化学シフトに影響を与える．

正　解

1　×　基準物質のプロトンに共鳴する電磁波の周波数と，測定プロトンのそれとの差を，<u>操作周波数で割った値を百万倍したもの</u>が化学シフトであり，ppm で表す．

2　○

3　○

4　×　周辺の電子状態は化学シフトに影響を与える．

5　×　外部磁場強度が異なる NMR スペクトル測定装置でスペクトルを測定しても，化学シフトは変化しない．

6　○

7　○

8　○

9　×　相加的に働く場合とそうでない場合がある．化学構造で異なる．

10　○

3.2.2 重水素置換とシグナルの積分値

到達目標
1) 重水添加による重水素置換の方法と原理を説明できる.
2) ^{1}H-NMR の積分値の意味を説明できる.

1) 重水処理によるシグナルの消失

測定試料液中に重水（D_2O）を添加すると，水酸基（−OH），アミノ基（−NH_2），チオール基（−SH）のプロトンのシグナルが消失する．これらの官能基の水素原子はプロトンであり ^{1}H-NMR で測定可能であるが，測定試料中に重水が加えられると，これら官能基のプロトンが重水素と入れ替わる．そのためにシグナルが消失する．この性質を利用すれば，水酸基やアミノ基のシグナルを見つけ出すことができる．

2) シグナル積分値の意味

^{1}H-NMR スペクトルのシグナルの積分値は，そのシグナルを生じる等価なプロトンの数と比例する．それぞれのシグナルの積分値（面積）を相互に比較し，それぞれを整数値で表すとシグナルのプロトン数を予想することができる．^{1}H-NMR スペクトルを解読するために，シグナルの積分値（等価なプロトンの数）は重要な着目点である．等価なプロトンとは構造上区別できないプロトンのことで，例えば，メチル基（−CH_3）の3つのプロトンは等価なプロトンである．図 3.3 にシグナルの面積の表し方をまとめた．直接 2H, 3H と示されている場合（左図），フックのような形をした曲線（積分曲線）の長さで示されている場合（中央図），つながった曲線で示されている場合（右図）などがある．曲線の長さからプロトン数を決める場合は整数値になるように注意する．

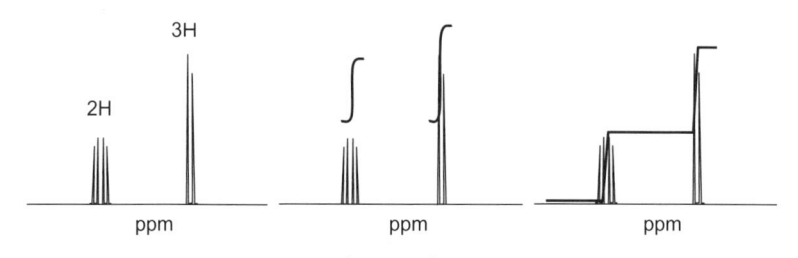

図 3.3 シグナルの積分値の表し方

問題 3.7　^{1}H-NMR スペクトル測定において，重水を添加してもシグナル強度が**変化しない**ものを 1 つ選べ．
1　－CH$_3$
2　－OH
3　－SH
4　－NH$_2$
5　－CO－OH

解説　測定分子のプロトンが重水素で置き換えられるとシグナルが消失する．上記の中でプロトンの置き換えがまったく起こらない構造は，メチル基（－CH$_3$）だけである．

正解　1

問題 3.8　次の ^{1}H-NMR スペクトルは，ジエチルエーテルを測定したものである．シグナル A と B に含まれるプロトンの数を示したものとして最も適切な組合せはどれか．

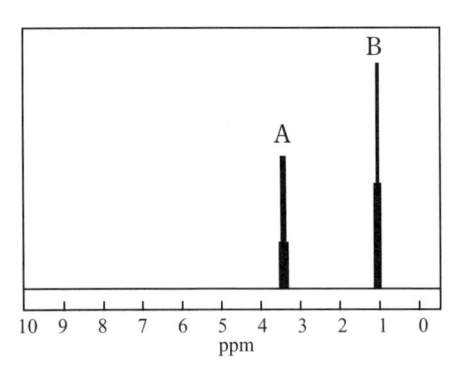

1　A ＝ 1H，B ＝ 2H
2　A ＝ 1H，B ＝ 3H
3　A ＝ 2H，B ＝ 3H
4　A ＝ 3H，B ＝ 2H
5　A ＝ 4H，B ＝ 6H

3.2 ¹H-NMR スペクトル

解説 本問題では，ジエチルエーテルの化学構造が必須の知識となる．ジエチルエーテルの示性式は $CH_3CH_2OCH_2CH_3$ であり，2つのメチレン（$-CH_2-$）と2つのメチル基（$-CH_3$）は構造上区別できないため等価である．そのため，¹H-NMR スペクトルでは，メチレンとメチル基の2つのシグナルが現れる．メチル基の隣りは CH_2 であるので1 ppm 付近にシグナルが現れ，メチレンの隣りは CH_3 とOであるので3〜4 ppm にシグナルが現れると予想できる．シグナルAには2つのメチレンのプロトン，すなわち4つのプロトンが含まれており，シグナルBには2つのメチル基のプロトン，すなわち6つのプロトンが含まれていると予想できる．シグナルAおよびBの積分値は4Hと6Hである．

図3.4に，シグナルの積分値を表すフックのような曲線（積分曲線）を付加したスペクトルを示す．曲線の長さは，A：B = 2：3になっているが，これはこのシグナルに含まれているプロトン数の比が2：3であることを示す．

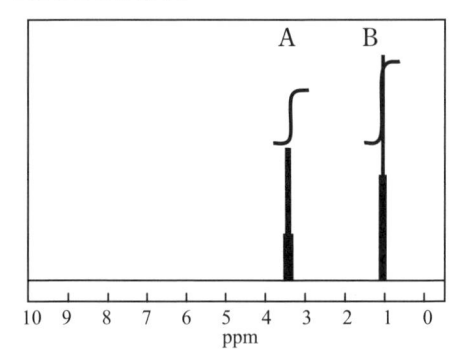

図3.4 ジエチルエーテルの ¹H-NMR スペクトル

正解 5

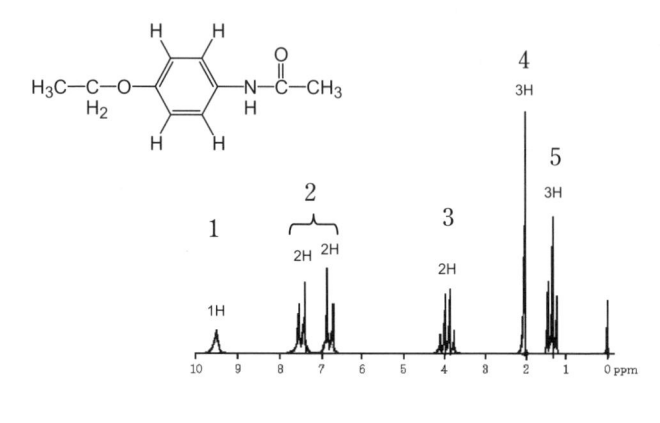

問題 3.9 次の化合物の ^{1}H-NMR スペクトルを測定した．重水添加によって消失するシグナルを1つ選べ．

解説 水酸基やアミノ基のプロトンは，溶媒中の重水素と入れ替わり，シグナルが消失する．本問題の化合物には1つの−NHがあり，重水添加によりシグナルは消失すると考えられる．^{1}H-NMR スペクトルのどのシグナルが−NHのプロトンによるものかは，シグナルの積分値を利用すると簡単にわかる．−NHのプロトン数は1であり，シグナルの面積が1Hであるシグナルは，1のみである．さらに，交換可能なプロトンのシグナルはしばしば幅の広いものになることが知られており，1のシグナルの形はこの性質に一致する．もちろん，シグナルの分裂（次の節 3.2.3 を参照）の数によりシグナルを帰属することも可能である．

正解　1

◆ 確認問題 ◆

次の文の正誤を判別し，○×で答えよ．

□□□　**1**　測定溶液中に重水を添加すると，−OHや−NHなどの活性水素のシグナルを消失できる．

| | | 2 | 重水添加により−OHなどのプロトンのシグナルが消失できるのは，重水素のスピン量子数が0であり，NMRで検出できないからである．
| | | 3 | 一般にシグナルの面積強度はプロトンの数に比例する．
| | | 4 | シグナルのプロトン数を見積もるために，一般的にシグナルの高さを利用することができる．

正 解

1 ○

2 × 重水素のスピン量子数は1である．スピン量子数が $\frac{1}{2}$ 以外の原子核ではシグナルを得にくい．

3 ○

4 × シグナルの高さを利用して，プロトン数を決めることはできない．

3.2.3 スピン-スピン結合

到達目標
1) ¹H-NMRシグナルが近接プロトンにより分裂（カップリング）する理由と，分裂様式を説明できる．
2) ¹H-NMRのスピン結合定数から得られる情報を列挙し，その内容を説明できる．

1) スピン-スピン結合

プロトンのスピン状態の情報が結合電子を介して隣接するプロトンに伝えられるとシグナルが分裂する．これをスピン-スピン結合という．あるプロトンの核スピンは，↑（上向き）か↓（下向き）のどちらかである．測定する分子数は膨大であり，プロトンの核スピンは全体で考えると↑と↓が両方存在することになる．このスピン状態は隣りのプロトンに伝えられて，隣りのプロトンのシグナルは↑に影響されたシグナルと↓に影響されたシグナルとに分裂する．すなわち，1つのプロトンが隣りにあると2つにシグナルが分裂する．

2) シグナルの分裂

次に2つの等価なプロトンがある場合について考えてみる．1つのプロトンの核ス

ピンには↑と↓があり、2つのプロトンの核スピンの組合せは、(↑↑)、(↑↓)、(↓↑)、(↓↓)の4種類が考えられる。このスピン状態は、隣りのプロトンに伝えられて4つにシグナルが分裂するはずであるが、(↑↓)と(↓↑)は同じ影響を与えるため影響されたスペクトルは重なって現れる。そのため、実際には隣りのプロトンのシグナルは3つに分裂し、そのシグナル強度は1:2:1となる。3つの等価なプロトンがある場合では、核スピンの組合せは、(↑↑↑)、(↑↑↓)、(↑↓↑)、(↓↑↑)、(↑↓↓)、(↓↑↓)、(↓↓↑)、(↓↓↓)の8種類が考えられる。この中で(↑↑↓)、(↑↓↑)、(↓↑↑)の3つは同じ影響を及ぼし、(↑↓↓)、(↓↑↓)、(↓↓↑)の3つも同じ影響を及ぼす。その結果、隣りのプロトンのシグナルは4つに分裂し、そのシグナル強度は1:3:3:1となる。このようにシグナルは隣りの等価なプロトンの数+1の数で分裂する。

　図3.5はエタノールの^{1}H-NMRスペクトルである。エタノールのメチル基のプロトン（ア）からみれば、隣りのプロトンはメチレンの2つの等価なプロトン（イ）である。そのため、メチル基のプロトン（ア）は2+1=3つに分裂する。メチレンのプロトンイからみれば、隣りはメチル基の3つの等価なプロトン（ア）であり、4つにシグナルは分裂する。このように何個にシグナルが分裂するかわかるだけで、図3.5のスペクトルのシグナルが帰属できるのである。すなわち、シグナルAは4つに分裂しているのでメチレンのプロトン（イ）のシグナルであり、Bは3つに分裂しているのでメチル基のプロトン（ア）のシグナルであることがわかる。

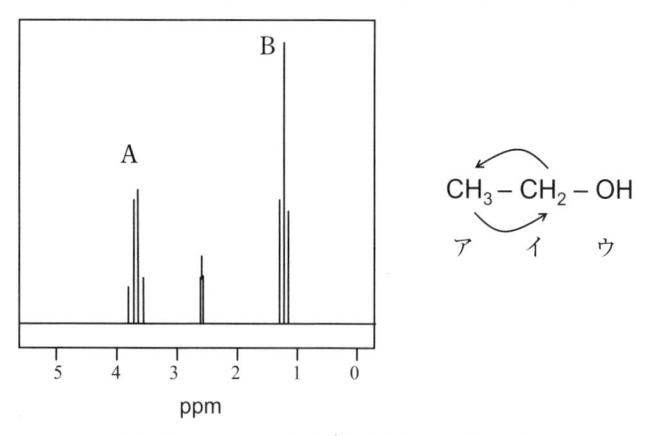

図3.5　エタノールの^{1}H-NMRスペクトル

3) 補　足

　エタノールのメチレンのプロトン（イ）の隣りには水酸基（-OH）のプロトン

（ウ）もある．水酸基のプロトンは溶媒中のプロトンと常時入れ替わっており，核スピンの向きが定まらない．そのため，水酸基はシグナルの分裂に影響を及ぼさないことが多い．図3.5のスペクトルでもメチレンのプロトン（イ）の分裂に影響を及ぼしていない．

4）等価なプロトンと隣りのプロトン

　等価と隣りの違いを明確にもつことが，スピン-スピン結合の理解には重要である．等価とは，構造上区別できないものと考えてよい．例えば，メチル基の3つのプロトン，ベンゼンの6つのプロトンなどは構造上区別できないプロトンであり，等価なプロトンである．このような等価なプロトン同士は，隣り同士の関係にあっても相互作用しない．芳香環のプロトンの1つが置換されている芳香族化合物では，オルト，メタ，パラ位のプロトンは構造上，区別が可能である．隣り同士の関係になったプロトンは影響し合い，シグナルは分裂する．

5）スピン-スピン結合定数

　スピン-スピン結合によって分裂したシグナルの幅をスピン-スピン結合定数と呼ぶ（図3.6左）．スピン結合の幅は影響するプロトン同士の相互作用の大きさによって決まるので，外部磁場の大きさには影響されない．J値とも呼ばれ，Hz単位で表す．結合定数の大きさを調べることによって様々な構造解析情報が得られる．例えば，図3.6右に示した，シスとトランス，またはオルト，メタ，パラ位についての構造解析に使用される．

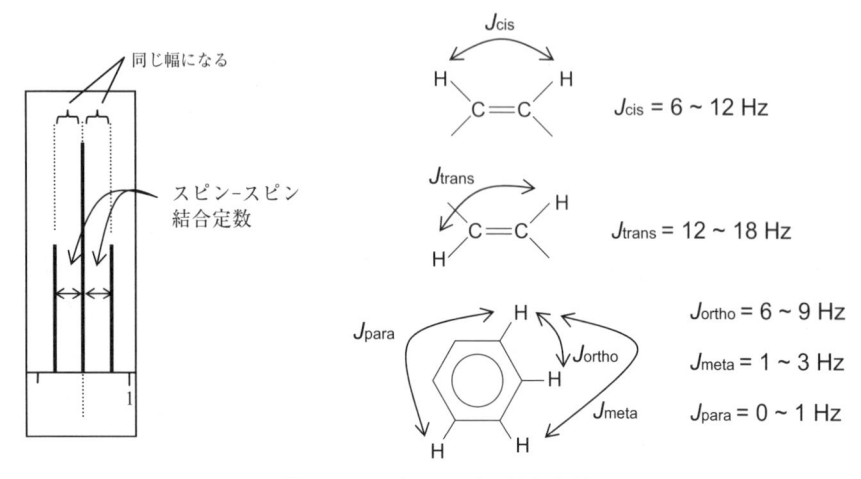

図3.6 スピン-スピン結合定数

問題 3.10 1-プロパノールの ^{1}H-NMR スペクトルを測定した．メチル基のプロトンのシグナルについて，正しい記述を1つ選べ．

1　メチル基のプロトン数は3つなので，シグナルは3つに分裂する．
2　メチル基のプロトン数は3つなので，シグナルは4つに分裂する．
3　隣りの等価なプロトン数が2つなので，シグナルは2つに分裂する．
4　隣りの等価なプロトン数が2つなので，シグナルは3つに分裂する．
5　シグナルは分裂しない．

解説　スピン-スピン結合によって，隣りの等価なプロトン数 +1 でシグナルが分裂する．1-プロパノール（$CH_3CH_2CH_2OH$）のメチル基（CH_3-）の隣りはメチレンであり，等価なプロトン数は2つである．そのために，メチル基のシグナルは 2 + 1 = 3 に分裂する．

正解　4

問題 3.11 下の化合物の ^{1}H-NMR スペクトルを測定した．シグナル A は，どのような分裂を示すか．

$$H_3C-C-O-C_6H_4-NH-C(=O)-CH_3$$
（A は H$_3$C のメチル基，隣接は CH$_2$）

1 単線
2 二重線
3 三重線
4 四重線
5 多重線

解説 メチル基 A の隣りのプロトンはメチレン（$-CH_2-$）のプロトンであり，2 つの等価なプロトンを隣りにもつ．シグナルは隣りの等価なプロトン + 1 の数で分裂するので，シグナル A は 3 本に分裂する．シグナル強度は 1 : 2 : 1 であり，中央のシグナルを中心に左右対称に現れる．

正解　3

問題 3.12 次の化合物の ^{1}H-NMR スペクトルを測定した．メチル基 B に由来するシグナルを 1 つ選べ．

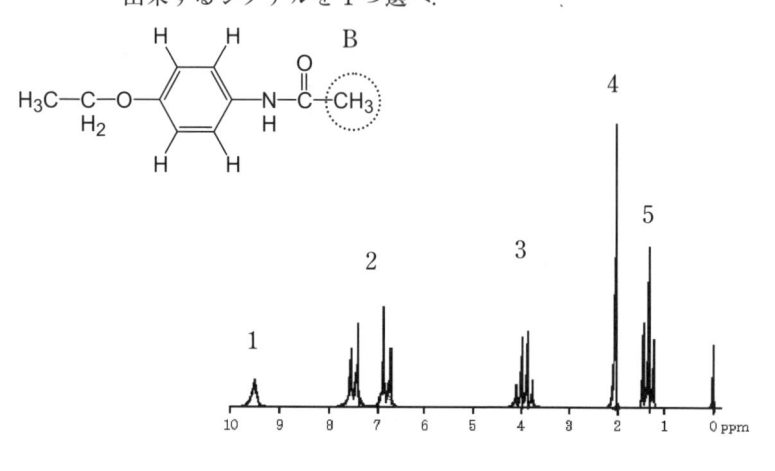

解説 メチル基 B の隣りはカルボニルであり，プロトンがない．そのため，メチル基 B のシグナルは分裂しないと考えられる．分裂していないシグナルは 1 と 4 である．カルボニルの隣りのメチル基は 2 〜 3 ppm に現れるので，4 のシグナルが正解である．スピン-スピン結合がないシグナルは，^{1}H-NMR スペクトルを解読する鍵となることが多い．

正解 4

問題 3.13 次の化合物の ^{1}H-NMR スペクトルを測定した．プロトンのシグナルとして適切なものを 1 つ選べ．

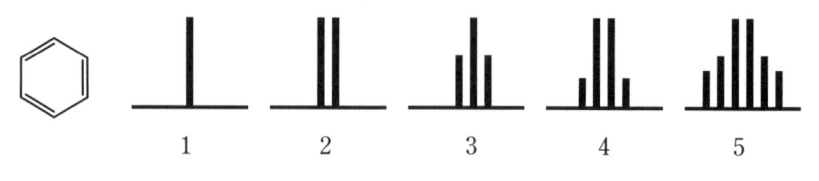

3.2 ¹H-NMR スペクトル　**147**

|解　　説| プロトンが等価なのか，隣りの関係にあるのかで判断する．等価なプロトンであればスピン-スピン結合はないので，シグナルは分裂しない．ベンゼンのプロトンは構造上区別することができず，すべて等価なプロトンと考えてよい．そのためにシグナルは分裂せず，すべてのプロトンのシグナルが同じ化学シフトに現れる．

正解　1

問題 3.14　下の化合物の ¹H-NMR スペクトルを測定した．プロトンのシグナルとして適切なものを1つ選べ．

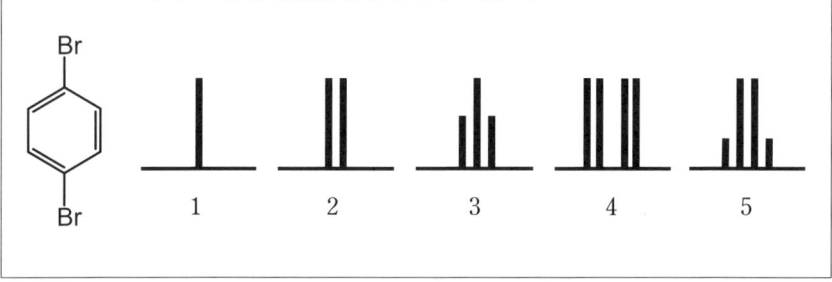

|解　　説| パラ位に置換基があれば，6〜8 ppm 付近に二重線のシグナルが2本現れると覚えている人も多いのではないだろうか．しかし同じ置換基である場合，芳香環上の4つのプロトンはすべてが等価なプロトンである．そのため，シグナルの分裂は起こらず，すべてのプロトンのシグナルは同じ化学シフトに現れる．解答番号4のようなシグナルが現れるためには，パラ位が性質の異なる別々の置換基で置換されている必要がある．

正解　1

問題 3.15 ¹H-NMR のスピン-スピン結合に関して，正しい記述を1つ選べ．

1 近接の等価なプロトンの数がシグナルの分裂数となる．
2 スピン-スピン結合定数は，外部磁場の強さに比例する．
3 スピン-スピン結合定数は，化学シフトと同様に ppm で表す．
4 スピン-スピン結合を利用すると，鏡像体を見分けることができる．
5 シグナルは左右対称に分裂する．

解説
1 × シグナルは，隣りの等価なプロトンの数 +1 で分裂する．
2 × スピン-スピン結合定数は隣りのプロトンのスピン状態に影響されたものであり，外部磁場の強さには影響されない．
3 × スピン-スピン結合定数はヘルツ（Hz）で表す．
4 × 鏡像体の NMR スペクトルは完全に一致するため，区別することはできない．
5 ○

正解　5

◆ 確認問題 ◆

次の文の正誤を判別し，○×で答えよ．

☐☐☐ **1** 一般に化学シフトは ppm 単位で表し，スピン-スピン結合定数はヘルツ（Hz）単位で表す．

☐☐☐ **2** プロトン間のスピン-スピン結合定数は外部磁場の強さには影響されない．

☐☐☐ **3** スピン-スピン結合により，隣りの等価のプロトンの数 +1 でシグナルが分裂する．

☐☐☐ **4** ベンゼンのプロトンは，どのプロトンも同じ化学シフトに現れ，両隣りに位置する2つの等価プロトンのために3つに分裂したシグナルとなる．

☐☐☐ **5** 3-chloropropenoic acid の *trans* 体と *cis* 体は，¹H-NMR スペクトルで区別が可能である．

| | | 6 | 芳香族のオルト，メタ，パラ位の関係にあるプロトン同士のスピン-スピン結合定数は同じ値になる．
| | | 7 | スピン-スピン結合定数を J 値と呼ぶ．
| | | 8 | エナンチオマーの関係にある化合物においては，それぞれのNMRスペクトルは完全に一致する．

正 解

1 ○
2 ○
3 ○
4 × ベンゼンのプロトンはすべて等価なプロトンであり，シグナルは分裂しない．
5 ○
6 × オルト，メタ，パラ位の順でスピン-スピン結合定数は小さくなる．
7 ○
8 ○

3.2.4 ¹H-NMR スペクトルの解析

到達目標 代表的化合物の部分構造を ¹H-NMR で決定することができる．

練習問題で ¹H-NMR スペクトルを読みこなす技術を身につけよう．

問題 3.16 次の ¹H-NMR スペクトルは，次の化合物 1 〜 5 のどれを測定したものか．

1. (CH₃)₃C–OH 構造（2-メチル-2-プロパノールに–CH₂OHが付いた構造）
2. (CH₃)₃C–OH
3. (CH₃)₂CH–CH₂–CH₂OH
4. HO–CH₂–CH(CH₃)–CH₂CH₃
5. (CH₃)₂CH–CH(OH)–

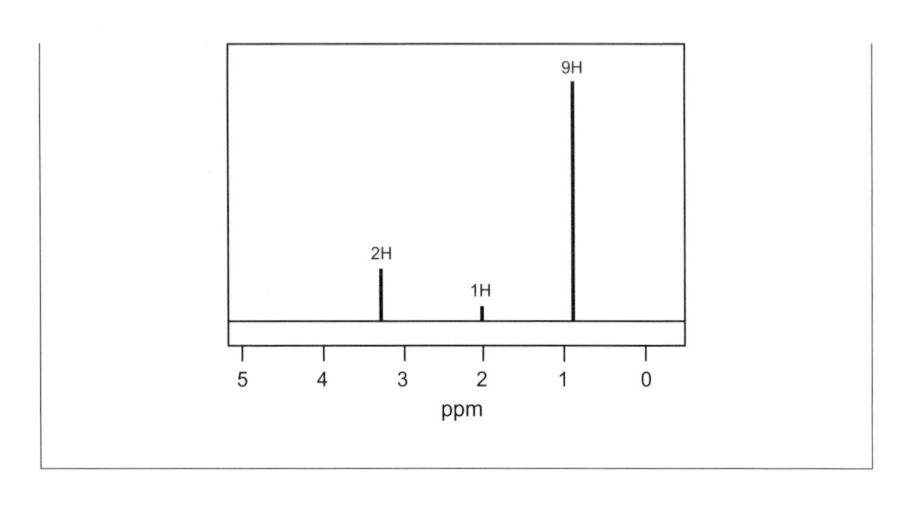

3. 核磁気共鳴スペクトル

解説 本問題の ^{1}H-NMR スペクトルの特徴は次のとおりである.

① 9H 分のシグナルが現れている.
② すべてのシグナルが単線（分裂がないシグナル）である.

① の特徴から 9H 分，すなわち 9 個の等価なプロトンがあることを予想できる．この構造的な特徴をもつ化合物は 1 のみである．また，② の特徴からすべてのプロトンの隣りにはプロトンがないことが予想できる．化合物 2, 4 にはいずれも $-CH_2CH_3$ があり化合物 3, 5 には $-CHCH_3$ があるので，いずれかのシグナルは分裂することを予想できる．化合物 1 のみが ① と ② の特徴を示すことができる．

次に以下のような確認作業を行うことを勧める.

1) シグナルの化学シフトは構造と一致するか．
   化合物 1 の $-C-(CH_3)_3$ の構造は 1 ppm 付近に，$-C-CH_2-O-$ の構造は 3〜4 ppm 付近にシグナルを与えると予想できる．
   $-OH$ のプロトンの化学シフトを予想することは難しい．

2) シグナルの積分値は構造と一致するか．
   化合物 1 の $-C-(CH_3)_3$ の構造は 9H 分の，$-C-CH_2-O-$ の構造は 2H 分の，さらに $-OH$ の構造は 1H 分のシグナルを与えると予想できる．

3) シグナルの分裂数は構造と一致するか．
（上記のように検証ずみ）

以上の視点から，自らが ^{1}H-NMR スペクトル装置になったつもりで，化合物の ^{1}H-NMR スペクトルをつくり上げる作業を行うと，スペクトル解析能力の向上に役立つ．

正解　1

問題 3.17　下の ^{1}H-NMR スペクトルは，次の化合物 1 ～ 5 のどれを測定したものか．

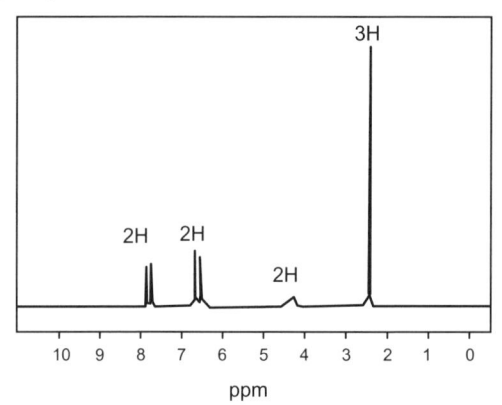

1 　3-アミノアセトフェノン（m-NH₂置換アセトフェノン）
2 　フェニルアセトアミド
3 　アセトアニリド
4 　4-アミノアセトフェノン（p-NH₂置換アセトフェノン）
5 　N-メチルベンズアミド

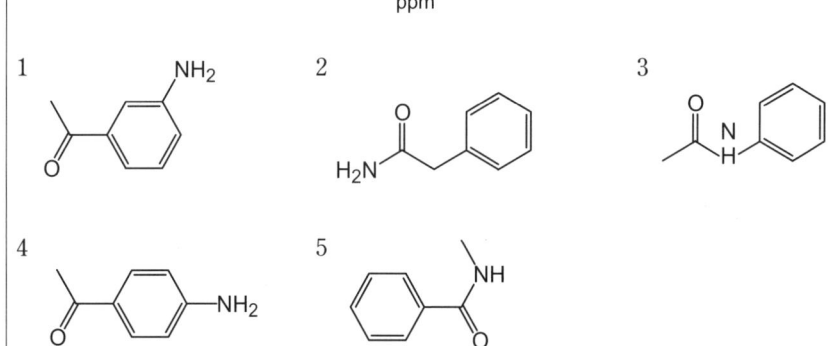

解説　本問題の ^{1}H-NMR スペクトルの着目点は次の 2 点である．
① 6 ～ 8 ppm に，二重線のシグナルが 2 本ある．
このシグナルのパターンは芳香環のパラ位に性質の異なる別々

の置換基がある場合に生じるシグナルである．化合物4が候補になる．

② 3H分のシグナルが単線であり，2.5 ppmに現れている．

　　3H分のシグナルが単線であるので，メチル基の隣にプロトンがないことを示す．化学シフトが2.5 ppmであることから，隣りがカルボニルか芳香族であると予想できる．化合物1，3，4が候補になる．

　　以上の①と②より，化合物4が答えとなる．

正解　4

3.3 ◆ ^{13}C-NMR スペクトル

到達目標
1) ^{13}C-NMR の測定により得られる情報の概略を説明できる.
2) 代表的な構造中の炭素について,おおよその化学シフトを示すことができる.

1) 概　略

^{12}C と ^{13}C のスピン量子数は,それぞれ 0 と $\frac{1}{2}$ であるので,炭素の NMR スペクトルのターゲットは ^{13}C である. ^{13}C の天然存在率は 1 % 程度であり, ^{1}H-NMR スペクトル測定に比べて長時間の測定が必要である. また ^{13}C の磁気回転比は ^{1}H の $\frac{1}{4}$ 程度であるので ^{1}H の歳差運動の速度が 100 MHz であるとき, ^{13}C の歳差運動の速度はおおよそ 25 MHz になる. このため ^{1}H と ^{13}C とは別々に分析することができる.

2) ^{13}C-NMR スペクトル

^{13}C-NMR スペクトル解析においても,シグナルの化学シフト,積分値,スピン-スピン結合に着目して解析を行う. 化学シフトは ^{1}H-NMR スペクトルよりも広範囲であり約 200 ppm の幅がある. このため ^{13}C のシグナルは,ほとんど重ならない. ^{13}C 同士のスピン-スピン結合は,天然存在比が小さいためにほとんどないが, ^{13}C と ^{1}H の間で相互作用が起こる.

3) スピン-スピン結合の制御

プロトンノイズデカップリング法やオフレゾナンス法と呼ばれる方法でスピン-スピン結合を制御し,単純なスペクトルを得ることができる. ^{13}C と ^{1}H とは共鳴周波数が違うので,選択的に ^{1}H の核スピンだけを狙い,その向きを非常に早く変化させることができる. 近傍にある ^{13}C は平均化された核スピンエネルギーを感じるので ^{13}C のシグナルは単線となる. プロトンノイズデカップリング法は,化合物中の炭素の種類や数を決定するときに使用する. また,オフレゾナンスデカップリング法では, ^{13}C に直接結合した ^{1}H とのスピン-スピン結合だけを残すので,測定炭素に何個の水素がついているかがわかる. シグナルの帰属に有用である.

4) 代表的な構造と化学シフト

^{1}H-NMR で学んだ構造と化学シフトの考え方が ^{13}C-NMR スペクトルでも共通する. ^{13}C-NMR スペクトルでの化学シフトは，基本的に炭素がどのような混成状態であるかで大きく変化する．sp^3 混成炭素（例えば，メチル基やメチレンなど），sp 混成炭素（例えば，アルキンやニトリルなど），sp^2 混成炭素（例えば，アルケンやカルボニルなど）の順で大きな化学シフトを与える.

図3.7に典型的な構造の化学シフトをまとめた．基準物質としては ^{1}H-NMR と同様にテトラメチルシラン（TMS）を使う.

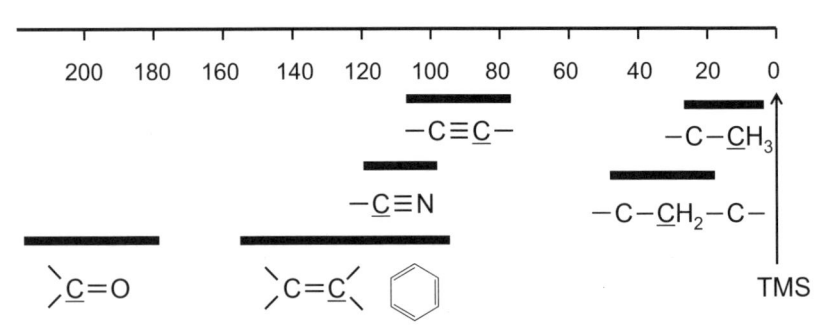

図 3.7 ^{13}C-NMR スペクトル：構造と化学シフト

問題 3.18 オフレゾナンスデカップリング法で ^{13}C-NMR スペクトルを測定すると，三重線のシグナルが現れた．最も適切な構造を一つ選べ.

　　—C—　　—CH　　>CH$_2$　　—CH$_3$　　CH$_4$
　　 1　　　 2　　　 3　　　 4　　　 5

解　説　オフレゾナンスデカップリング法では，炭素に直接ついているプロトンのみのスピン-スピン結合が観察される．この方法を使用すると炭素の多重度が決定できる．メチル炭素（CH$_3$）は3つのプロトンによるスピン-スピン結合で四重線となる．同様に，メチレン炭素（CH$_2$）では三重線のシグナルが，メチン炭素（CH）では二重

線のシグナルが，第四級炭素では単線のシグナルが現れる．

[正解] 3

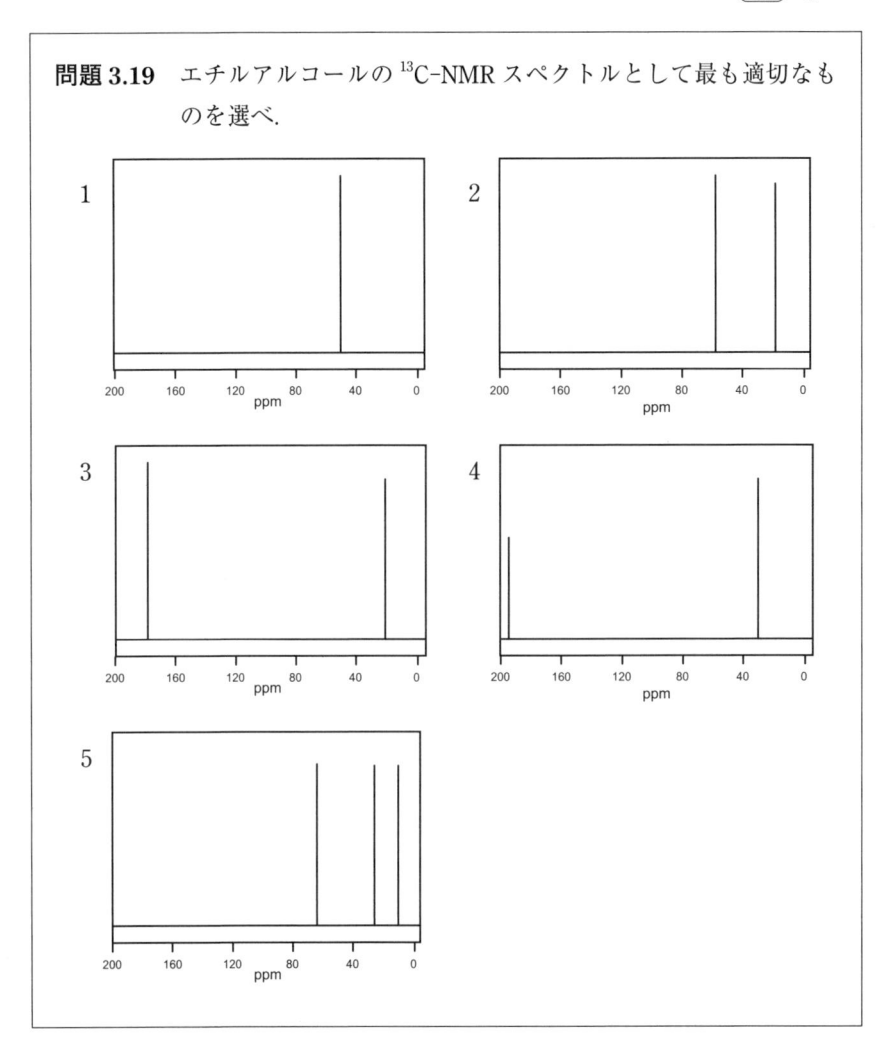

問題 3.19 エチルアルコールの ^{13}C-NMR スペクトルとして最も適切なものを選べ．

解説 エチルアルコール（CH$_3$CH$_2$OH）の炭素は，2つとも sp^3 混成炭素である．sp^3 混成炭素のシグナルは高磁場側（0 〜 60 ppm）に現れる．また，炭素の隣りの原子の性質が異なるために化学シフトは大きく異なることが予想でき，2つのシグナルが重なって現れるとは

考えにくい．2本のシグナルが現れているのはスペクトル2, 3, 4である．この中で2つのシグナルがおおむね60 ppm以下に現れているのはスペクトル2だけである．

正解　2

◆ 確認問題 ◆

次の文の正誤を判別し，○×で答えよ．

□□□　**1**　プロトンは ^{13}C の原子核の共鳴周波数の約4倍の周波数の電磁波で共鳴する．

□□□　**2**　^{13}C の原子核でNMRスペクトルを測定するのは，天然存在率が1％程度で扱いやすいためである．

□□□　**3**　^{13}C-NMRスペクトルの化学シフトの範囲は，^{1}H-NMRスペクトルのそれとほぼ同じである．

□□□　**4**　プロトンノイズデカップリング法は，主に ^{13}C 同士のスピン-スピン結合を除去するために使われる．

□□□　**5**　オフレゾナンスデカップリング法で ^{13}C-NMRスペクトルを測定すると，メチル炭素は四重線のシグナルとして現れる．

□□□　**6**　sp混成炭素，sp^2 混成炭素，sp^3 混成炭素のシグナルのうち，最も低磁場側に現れるのは sp^2 混成炭素である．

□□□　**7**　sp混成炭素，sp^2 混成炭素，sp^3 混成炭素のシグナルのうち，最も高磁場側に現れるのはsp混成炭素である．

□□□　**8**　カルボニル炭素のシグナルはおおむね160〜220 ppmに現れる．

正　解

1　○

2　×　^{13}C の原子核でNMRスペクトルを測定するのは，^{13}C 原子核のスピン量子数が $\frac{1}{2}$ であるためである．天然存在率が1％程度であるので，^{13}C-NMRスペクトルは長い時間をかけて測定する必要がある．

3　×　^{13}C-NMRスペクトルの化学シフトは0〜220 ppmの範囲であり，^{1}H-NMRスペクトルに比べて幅広い．

4 × 天然存在率が低いために，^{13}C 同士のスピン-スピン結合はほとんど起こらない．プロトンとの相互作用を除去するために行う．

5 ○

6 ○

7 × 一般的に最も高磁場側に現れるのは sp^3 混成炭素のシグナルである．

8 ○

4 質量分析法

　試料分子を適当な方法でイオン化したのち，それを加速し，質量電荷比（m/z）に従って分離（質量分離）することにより，マススペクトルが得られる．このマススペクトルを測定する装置を質量分析計といい，本手法を質量分析法という．マススペクトルからは分子量をはじめとする豊富な構造情報が得られ，ガスクロマトグラフィーあるいは液体クロマトグラフィー（GC/MS, LC/MS）と結合することにより，高精度な定量が可能である．

質量分析計の構成：試料導入部，イオン化部，質量分離部，検出部，データ処理部
イオン化法の種類：電子イオン化（EI），化学イオン化（CI），高速原子衝撃イオン化（FAB），大気圧化学イオン化（APCI），エレクトロスプレーイオン化（ESI），マトリックスレーザー支援イオン化（MALDI）
質量分離法の種類：磁場型，四重極型，イオントラップ型，飛行時間型（TOF）
ピークの種類：基準ピーク，分子イオンピーク，同位体イオンピーク，フラグメントイオンピーク
同位体イオンピークが強く現れる原子：塩素原子，臭素原子
代表的なフラグメンテーションの種類：単純開裂（ラジカル開裂，イオン開裂），転位反応（マクラファティー転位）
マススペクトルから得られる情報：分子量（分子イオンピーク），元素組成（高分解能マススペクトル），試料の構造推定（フラグメントイオンピーク），分子内の窒素数の推定（窒素ルール），分子内の塩素原子および臭素原子の数（同位体イオンピークの存在比），定量（GC/MS, LC/MS）

4.1 ◆ 原　理

到達目標　質量分析法の原理を説明できる．

問題 4.1　次の質量分析計に関する記述のうち，正しいものはどれか．
1. イオン化部は，質量分離部から導入された分子をイオン化する部分である．
2. 質量分離部は，イオンを質量電荷比（m/z）によって分離する部分である．
3. 気体試料は，マススペクトルを測定することができない．
4. データ処理部には，あらかじめ試料分子の構造情報を入力しておく必要がある．
5. 試料導入部は，必ずしも必要ではない．

解説
1. 下図に示すように，イオン化部は，試料導入部から導入された試料分子をイオン化する部分である．試料分子がイオン化しなければマススペクトルは得られない．

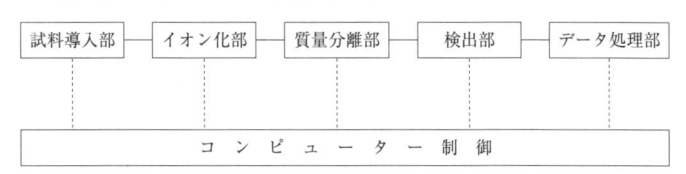

試料導入部	イオン化部	質量分離部	検出部	データ処理部

コ　ン　ピ　ュ　ー　タ　ー　制　御

2. 質量分離部は，イオンを質量電荷比（m/z）に従って分離する部分である．
3. 気体，液体，固体試料を測定することができる．気体試料の場合にはガスだめに貯めて，一定流速でイオン源に導入する．試料導入部は試料を質量分析計に導入する部分である．
4. データ処理部はマススペクトルを記録する部分であり，試料分子の構造情報を入力しておく必要はない．
5. 試料導入部は，必ず必要である．

[正解] 2

問題 4.2　次の質量分析法に関する記述のうち，正しいものはどれか．
1　マススペクトルを得るには，試料分子をイオン化しなくてもよい．
2　質量分離は，電場あるいは磁場で行われる．
3　マススペクトルからは構造情報は得られない．
4　質量分析法では定量ができない．
5　イオンは質量に従って分離される．

解　説　1　マススペクトルを得るには試料分子をイオン化しなければならない．
2　質量分離は電場あるいは磁場で行われる．
3　マススペクトルからは豊富な構造情報が得られる．
4　高精度な定量ができる．
5　イオンは質量電荷比（m/z）に従って分離される．

[正解] 2

問題 4.3　次の質量分析法に関する記述のうち，正しいものはどれか．
1　質量分析法は，試料分子を非破壊で分析する方法である．
2　質量分析法では，タンパク質の分子量は測定できない．
3　マススペクトルのなかで一番強度の強いイオンを基準ピークという．
4　質量分析法は，気体試料にのみ適用できる．
5　フラグメントイオンの生成過程における結合の開裂様式には，転位を伴うことはない．

解　説　1　紫外可視吸光法，赤外吸収スペクトル法，核磁気共鳴スペクトル法などと異なり，質量分析法では化学的分解反応により生じたイオンを分析する方法である．

2 ESI 法や MALDI-TOF 法などにより測定が可能である．
3 マススペクトルのなかで一番強度の強いイオンを基準ピークという．
4 気体，液体，固体の試料に適用できる．
5 マクラファティー転位や四員環遷移状態を伴う転位がある．

正解　3

4.2 ◆ マススペクトル

4.2.1 マススペクトルの概要と測定法

到達目標 マススペクトルの概要と測定法を説明できる.

問題 4.5 次のマススペクトルに関する記述のうち，正しいものはどれか．
1 マススペクトルの横軸は，質量電荷比（m/z）である．
2 マススペクトルの縦軸は，分子イオンピークを 100 とした各イオンの相対強度で表す．
3 分子量関連のイオンピークから試料分子の構造を推定できる．
4 フラグメントイオンから試料分子の分子量を推定できる．
5 同位体ピークの高さから試料分子の構成元素の種類だけが推定できる．

解説
1 マススペクトルから得られる情報は，イオン化された分子また原子の質量電荷比（m/z）とそれらの強度であり，通常は，横軸に質量電荷比（m/z）をとる．質量電荷比は質量数をそのイオンの電荷で除した値である．
2 マススペクトルの縦軸は，強度の最も大きいイオンを 100 とした各イオンの相対強度で表す．
3 分子量関連のイオンピークから試料分子の分子量が推定できる．通常，分子量関連のイオンは最も高質量側（m/z の大きなほう）に出現する．
4 イオン化の際に過剰なエネルギーを得た分子量関連イオンが，イオン化室内で分解（開裂，フラグメンテーション）して出現するイオンをフラグメントイオンという．フラグメントイオンピークは分子量関連のイオンよりも低質量側（m/z の小さなほう）に出現し，これらのピークから試料分子の構造を推定でき

る．

5 マススペクトル中の分子量関連のイオンピークは単独で出現することはほとんどなく，天然同位体存在比の最も大きな同位体からなる主イオンピークと，その周辺にそれ以外の同位体からなる複数の同位体イオンピークが現れる．主イオンピークと同位体ピークの高さから，試料分子の構成元素の種類と数を推定できる．

[正解] 1

問題 4.6 次のマススペクトルの測定法に関する記述のうち，正しいものはどれか．
1 熱に不安定な試料のマススペクトルは測定できない．
2 試料量は 100 mg 以上必要である．
3 マススペクトルを用いて正確な定量分析ができる．
4 試料の純度はそれほど高くなくても信頼性の高いマススペクトルが得られる．
5 試料の物理化学的性質を考慮してイオン化法を選択する必要がある．

解説 1 熱に不安定な試料のマススペクトルを測定できる．イオン化の方法は大別してハードイオン化とソフトイオン化の 2 種類に分類される．ハードイオン化は EI のことを指し，この方法は熱により気化させた試料分子に熱電子を衝突させてイオン化を行う方法で，熱に不安定な化合物の分析には不向きである．しかし，ソフトイオン化と呼ばれる CI, FAB, ESI, MALDI は必ずしも熱による気化が必要ではないので，熱に不安定な試料のマススペクトルを測定できる．

2 良質なマススペクトルを測定するために，数十から数百 μg の試料量があればよい．

3 正確な定量を行うには，GC/MS あるいは LC/MS を用いて，選択イオン検出法により分析する．

4　試料の純度はできるだけ高いほうが信頼性の高いマススペクトルが得られる．わずかな不純物が混入していてもスペクトルに大きな影響を与える場合がある．

5　1に示した例のほか，タンパク質などの高極性の生体高分子はCI, FD, FAB によってはイオン化できないので，ESI あるいはMALDI を使用しなければならない．このように，試料の物理化学的性質を考慮してイオン化法を選択する必要がある．

正解　5

4.2.2　イオン化法とイオン化の特徴

到達目標　イオン化の方法を列挙し，それらの特徴を説明できる．

問題 4.7　次の電子イオン化（EI）に関する記述のうち，正しいものはどれか．
1　分子量関連のイオン（分子イオン）が必ず出現する．
2　熱により気化させた試料分子に熱電子を衝突させてイオン化を行う方法である．
3　熱に不安定な試料の分析に向いている．
4　試料分子の構造解析に有用な情報であるフラグメントイオンはあまり出現しない．
5　難揮発性で高分子の試料の分析に用いられる．

解説
1　EIにおいては，熱電子によってイオン化するので，試料分子に過剰のエネルギーが供給され，分子イオンが完全に開裂し，分子量関連のイオン（分子イオン）が出現しないことがある．

2　熱により気化させた試料分子に熱電子を衝突させてイオン化を行う方法である．

3　熱により気化させた試料分子に熱電子を衝突させてイオン化を行う方法であるので，熱に不安定な試料には不向きである．

4　試料分子に過剰のエネルギーが供給され，分子イオンが開裂し，

試料分子の構造解析に有用な情報であるフラグメントイオンが多数出現する．
5 揮発性で低分子の試料の分析に用いられる．

正解 2

> **問題4.8** 次の化学イオン化（CI）に関する記述のうち，正しいものはどれか．
> 1 EIより分子量関連イオンは得られにくい．
> 2 $M^{+\bullet}$などの分子イオンが生成する．
> 3 疑似分子イオンは，EIで生成する分子イオンより不安定である．
> 4 試薬ガスとしてメタンやアンモニアなどを用いる．
> 5 高極性，高分子化合物に適用しやすい．

解説
1 イオン化の方法は大別してハードイオン化とソフトイオン化の2種類に分類される．ハードイオン化はEIのことを指し，この方法は熱により気化させた試料分子に熱電子を衝突させてイオン化を行う方法で，試料分子に過剰なエネルギーを与えるので，試料分子がイオン源内で開裂し，分子量関連イオンを与えないことが多い．しかし，ソフトイオン化と呼ばれるCI, FAB, ESI, MALDIは，試料分子にH^+やNH_4^+を付加させてイオン化するので，EIより分子量関連イオンが得られやすい．
2 CIでは$[M+H]^+$や$[M+NH_4]^+$などの疑似分子イオンが生成し，EIでは分子イオン（$M^{+\bullet}$）が生成する
3 疑似分子イオンはEIで生成する分子イオンより安定である（解説1を参照）．
4 試薬ガスとしてメタンやアンモニアなどを用いる．試薬ガスを熱電子でイオン化し，生成したH^+やNH_4^+を試料分子に付加させてイオン化する．
5 EIと同様に試料分子の気化を必要とするので，高極性，高分子化合物に適用しにくい．

正解 4

問題 4.9 次の高速原子衝撃イオン化（FAB）に関する記述のうち，正しいものはどれか．

1　H や He などの高速原子を試料分子に衝突させてイオン化する．
2　イオン化には試料とマトリックスを混合する必要がある．
3　高極性，難揮発性化合物に適用しにくい．
4　分子量関連イオンは $[M + H]^+$ や $[M + Na]^+$，$[M + K]^+$ などの形では観測されない．
5　試料によってマトリックスを変化させる必要はない．

解説

1　Xe や Ar などの重い原子を試料分子に高速で衝突させてイオン化する．

2　イオン化には試料とマトリックスを混合する必要がある．マトリックスには，グリセリンなどのプロトンの授受が容易な粘稠性液体が用いられ，主に3つの役割をもっている．
　1）試料分子とのプロトンの授受
　2）照射される高速原子から試料分子の保護
　3）試料の長時間安定的なイオン化．

3　問題 4.6 解説1のようにソフトイオン化法なので，高極性，難揮発性化合物に適用しやすい．

4　分子量関連イオンは $[M + H]^+$ や $[M + Na]^+$，$[M + K]^+$ などの形で観測される．

5　試料によってマトリックスを変化させる必要がある．マトリックスとしては以下の化合物が知られている．グリセリン（適用：塩基性化合物，中性化合物），3-ニトロベンジルアルコール（適用：塩基性化合物，難水溶性化合物），トリエタノールアミン（適用：酸性化合物，難水溶性化合物）．

正解　2

問題 **4.10** 次の大気圧化学イオン化（APCI）に関する記述のうち，正しいものはどれか．
1 ESI よりフラグメントイオンが多い．
2 熱に不安定な試料に向いている．
3 多価イオンを生成する．
4 高極性，高分子量の化合物の分析に向いている．
5 試料の加熱噴霧を必要としない．

解 説 1 ESI よりフラグメントイオンが多い．大気圧下でコロナ放電によってイオン化する化学イオン化（CI）の一種である．300～400℃に加熱されたキャピラリーの先端から試料溶液を窒素ガスと共に大気圧下の APCI イオン源中に噴霧すると，コロナ放電により溶媒がイオン化され，生成した溶媒イオンは試料分子とイオン分子反応を起こし，試料分子をイオン化する．イオン化されるとき ESI と比較して過剰なエネルギーを与えられるので，ESI よりはフラグメントイオンが多い．
2 上述のように，APCI は，試料溶液の加熱噴霧を行うので，熱に弱い化合物の分析には不向き．
3 ESI のような多価イオンの生成は期待できない．
4 ESI ではイオン化できないような分子量 1000 以下のアミノ酸，ステロイド，アルカロイド，ヌクレオシド，抗生物質，糖，ビタミン，ペプチド，農薬などの低極性，中極性化合物の分析に適している．
5 上述のように，試料の加熱噴霧を必要とする．

正解　1

問題 **4.11** 次のエレクトロスプレーイオン化（ESI）に関する記述のうち，正しいものはどれか．
1 試料の噴霧を必要としない．
2 多価イオンを生成しない．

3 フラグメントイオンの出現は少ない．
  4 高極性，不揮発性，高分子量の化合物をイオン化することは難しい．
  5 分子量10万領域の化合物のマススペクトルの測定はできない．

解説 1 試料の噴霧を必要とする．キャピラリーの先端から溶媒の蒸発を促進するための窒素ガスと共に試料溶液を大気圧下のESIイオン源中に噴霧する．キャピラリーの先端は3〜5 kVの高電圧が印加されているので，正または負に帯電した微細な液滴が生ずる．液滴は空中を飛行するうちに溶媒の蒸発により小さくなり，同符号同士のイオン反発力が働き，その力が表面張力より大きくなり，臨界点に達してクーロン反発により複数個の液滴に分裂する．この分裂が繰り返され，イオン化された試料分子1個を含む粒子が生成される．この生成したイオン粒子は細孔を通じて質量分離部に導かれる
2 $[M+H]^{n+}$や$[M-H]^{m-}$のような多価イオンを生成する．
3 非常にソフトなイオン化であるので，フラグメントイオンの出現は少ない．
4 高極性，不揮発性，高分子量の化合物をイオン化することができる．
5 分子量10万領域の化合物のマススペクトルの測定も容易である．多価イオンを生成するために分子量10万以上の化合物のマススペクトルの測定も可能である．そのために，生体高分子化合物への応用例が多い．

正解 3

問題 4.12 次のマトリックスレーザー支援イオン化（MALDI）に関する記述のうち，正しいものはどれか．
1 窒素レーザーを試料分子に照射し，イオン化する．
2 イオン化にはマトリックスを用いなくてもよい．
3 生体高分子の分析に適していない．

4　M⁺•などの分子イオンが生成する．
5　試料によってマトリックスを変化させる必要はない．

解説　1　試料とマトリックスを混合し結晶状態としたものに，窒素レーザー（337 nm）を照射してイオン化する．
2　レーザーの波長が紫外部領域にあるので，そのエネルギーをより多く吸収するために，この波長領域に吸収帯を有するシナピン酸などの固体マトリックスを使用する．
3　生体高分子の分析に適している．
4　分子量関連イオンは [M + H]⁺や [M + Na]⁺，[M + K]⁺などの形では観測される．
5　試料によってマトリックスを変化させる必要がある．マトリックスとしては以下の化合物が知られている．シナピン酸（適用：タンパク質，ペプチド，高分子量化合物），フェルラ酸（適用：タンパク質，ペプチド，中分子量化合物），ゲンチシン酸（適用：糖，糖脂質），3-ヒドロキシピコリン酸（適用：核酸）．

正解　1

4.2.3　ピークの種類（基準ピーク，分子イオンピーク，同位体ピーク，フラグメントピーク）

到達目標　ピークの種類（基準ピーク，分子イオンピーク，同位体イオンピーク，フラグメントイオンピーク）を説明できる．

問題 4.13　次のピークの種類に関する記述のうち，正しいものはどれか．
1　質量電荷比（m/z）が最小のところに分子イオンピークが現れる．
2　分子イオンピークより小さい m/z のところにフラグメントイオンが現れる．
3　分子イオンを基準ピーク（ベースピーク）という．
4　分子イオンは [M + H]⁺で表される．
5　天然同位体存在比の最も大きな同位体からなるイオンピーク

を同位体イオンピークという．

解説
1. 質量電荷比（m/z）が最大のところに分子イオンピークが現れる（問題 4.5 解説 3 参照）．
2. 分子イオンピークより小さい m/z のところにフラグメントイオンピークが現れる（問題 4.5 解説 4 参照）．
3. スペクトル中最大のイオン強度のピークを基準ピーク（ベースピーク）という．
4. 分子イオンは $M^{+\bullet}$ で表され，EI でイオン化したときに最もよく出現する．$[M + H]^+$ はプロトン化分子，$[M-H]^-$ は脱プロトン化分子（いずれも分子量関連イオン種，疑似分子イオン）と呼ばれ，ソフトイオン化でイオン化したときによく出現する．
5. 天然同位体存在比の小さな同位体からなるイオンピークを同位体イオンピークという（問題 4.5 解説 5 参照）．

正解　2

問題 4.14 下の図はサリチル酸メチル（$C_8H_8O_3$）のマススペクトル（EI-MS）である．次の記述のうち，正しいものはどれか．

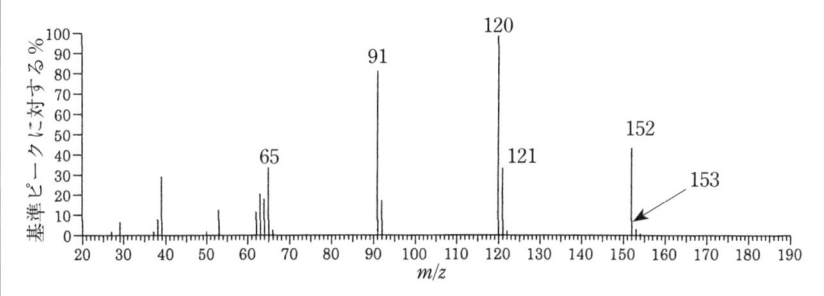

1. m/z 152 のピークを基準ピークという．
2. m/z 120 のピークを分子イオンピークという．
3. m/z 91，65 のピークを同位体イオンピークという．
4. m/z 153 のピークをフラグメントイオンピークという．
5. m/z 152 のピークは $M^{+\bullet}$ で表される．

解説　1　m/z 152 のピークを分子イオンピークという（問題 4.5 解説 3 参照）．
2　m/z 120 のピークを基準ピークという（問題 4.13 解説 3 参照）．
3　m/z 91, 65 のピークをフラグメントイオンピークという（問題 4.5 解説 4 参照）．
4　m/z 153 のピークを同位体ピークという（問題 4.5 解説 5 参照）．
5　m/z 152 のピークは $M^{+\bullet}$ で表される（問題 4.13 解説 3 参照）．

（正解）　5

4.2.4　塩素，臭素原子を含む化合物のマススペクトルの特徴

到達目標　塩素原子や臭素原子を含む化合物のマススペクトルの特徴を説明できる．

問題 4.15　次の塩素原子に関する記述のうち，正しいものはどれか．
1　塩素原子には 3 つの同位体が存在する．
2　塩素原子の同位体は，^{35}Cl, ^{36}Cl, ^{37}Cl である．
3　塩素原子の同位体存在比は，^{35}Cl が 50.65 % で ^{37}Cl が 49.31 % である（天然同位体存在比 = 1：1）．
4　塩素原子 1 つを含む化合物のマススペクトル中の同位体ピークイオンのパターンは，$M^{+\bullet}$：$[M+2]^{+\bullet}$ = 3：1 の強度比で現れる．
5　塩素原子 2 つを含む化合物のマススペクトル中の同位体ピークイオンのパターンは，$M^{+\bullet}$：$[M+2]^{+\bullet}$：$[M+4]^{+\bullet}$ = 3：6：1 の強度比で現れる．

解説　1　塩素原子は二種類の同位体からなる．
2　塩素原子の同位体は，^{35}Cl と ^{37}Cl である．
3　塩素原子の同位体存在比は，^{35}Cl が 75.78 % で ^{37}Cl が 24.22 % であり，一般に天然同位体存在比は 3：1 といわれている．
4　塩素を含む化合物のマススペクトルの同位体イオンピークは

特徴的なパターンを示す．1つの場合には，M$^{+•}$：[M + 2]$^{+•}$ = 3：1の強度で現れ，2つの場合はM$^{+•}$：[M + 2]$^{+•}$：[M + 4]$^{+•}$ = 9：6：1，3つの場合はM$^{+•}$：[M + 2]$^{+•}$：[M + 4]$^{+•}$：[M + 6]$^{+•}$ = 31：29：9：1の強度比で現れる．したがって，同位体イオンピークの強度比から塩素イオンの存在とその数を知ることができる．

5 上述のように，塩素原子2つを含む化合物のマススペクトル中の同位体ピークイオンのパターンは，M$^{+•}$：[M + 2]$^{+•}$：[M + 4]$^{+•}$ = 9：6：1の強度比で現れる．

正解 4

問題 4.16 次の臭素原子に関する記述のうち，正しいものはどれか．

1 臭素原子は2種類の同位体からなる．
2 臭素原子の同位体は，^{79}Br と ^{80}Br である．
3 臭素原子の同位体存在比は，^{79}Br が 50.65 % で ^{80}Br が 49.31 % である．（天然同位体存在比 = 1：1）．
4 臭素原子1つを含む化合物のマススペクトル中の同位体ピークイオンのパターンは，M$^{+•}$：[M + 1]$^{+•}$ = 1：1の強度比で現れる．
5 臭素原子2つを含む化合物のマススペクトル中の同位体ピークイオンのパターンは，M$^{+•}$：[M + 1]$^{+•}$：[M + 3]$^{+•}$ = 1：2：1の強度比で現れる．

解説 1 臭素原子は2種類の同位体からなる．
2 臭素原子の同位体は，^{79}Br と ^{81}Br である．
3 臭素原子の同位体存在比は，^{79}Br が 50.65 % で ^{81}Br が 49.31 % であり，一般に天然同位体存在比は 1：1 といわれている．
4 臭素原子を含む化合物のマススペクトルの同位体イオンピークは特徴的なパターンを示す．1つの場合には，M$^{+•}$：[M + 2]$^{+•}$ = 1：1の強度で現れ，2つの場合はM$^{+•}$：[M + 2]$^{+•}$：[M + 4]$^{+•}$ = 1：2：1，3つの場合はM$^{+•}$：[M + 2]$^{+•}$：[M + 4]$^{+•}$：

[M + 6]$^{+•}$ = 1 : 3 : 3 : 1 の強度比で現れる．したがって，同位体イオンピークの強度比から臭素原子の存在とその数を知ることができる．

5　上述のように，臭素原子2つを含む化合物のマススペクトル中の同位体ピークイオンのパターンは，M$^{+•}$：[M + 2]$^{+•}$：[M + 4]$^{+•}$ = 1 : 2 : 1 の強度比で現れる．

(正解)　1

4.2.5　代表的なフラグメンテーションの概要

到達目標　代表的なフラグメンテーションについて説明できる．

問題 4.17　次の単純開裂に関する記述のうち，正しいものはどれか．
1　水素原子の転位に伴い結合が切断されるものを単純開裂という．
2　単純開裂にはラジカル開裂と転位反応がある．
3　ラジカル開裂は，2個の電子が両方とも同じ方向に移動することによって共有結合の間が切断されることをいう．
4　イオン開裂は，1個の電子の移動によって共有結合の間が切断されることをいう．
5　単純開裂は，窒素原子，硫黄原子，酸素原子やハロゲン原子の隣の C-C 結合で起こりやすい．

解説
1　共有結合が単純に切断されるものを単純開裂といい，転位反応を含まない．
2　単純開裂にはラジカル開裂とイオン開裂がある．
3　ラジカル開裂は，1個の電子の移動によって共有結合の間が切断されることをいう．

$$R_1 - O^{+•} - CH_2 - R_2 \longrightarrow [R_1 - O = CH_2]^+ + R_2$$

4　イオン開裂は，2個の電子が両方とも同じ方向に移動することによって共有結合の間が切断されることをいう．

$$R \overset{\frown}{-} X^{+\cdot} \longrightarrow R^{+} + X^{\cdot}$$

 5 単純開裂は，窒素原子，硫黄原子，酸素原子やハロゲン原子の隣のC–C結合で起こりやすい．また，カルボニル基のα位も開裂しやすい．

正解 5

問題 4.18 次のマクラファティー転位に関する記述のうち，正しいものはどれか．
1 転位する原子は主に酸素原子である．
2 五員環遷移状態を経由する．
3 アルデヒド，ケトン，カルボン酸誘導体でよく観察される．
4 C=Oに対しβ炭素上の水素が二重結合に対し転位する．
5 偶数の分子イオンから奇数のフラグメントイオンが生成する．

解説 1 転位する原子は主に水素原子である．マクラファティー転位は，六員環遷移状態を経由して水素が転位するもののことをいう．

 2 六員環遷移状態を経由する．
 3 アルデヒド，ケトン，カルボン酸誘導体でよく観察される．
 4 C=Oに対しγ炭素上の水素が二重結合に対し転位する．
 5 偶数の分子イオンから偶数のフラグメントイオンが生成する．単純開裂では偶数の分子イオンから奇数のフラグメントイオンが生成する．

正解 3

4.2.6　高分解能マススペクトルにおける分子式の決定

到達目標　高分解能マススペクトルにおける分子式の決定法を説明できる．

> **問題 4.19**　次の高分解能マススペクトルに関する記述のうち，正しいものはどれか．
> 1　分解能は，質量電荷比（m/z）に応じてどれだけ細かく質量分離できるかを表す質量分析計の性能のことである．
> 2　分解能の小さな装置ほど小さな質量差を測定できる．
> 3　分解能は，通常，1％谷による定義で表される．
> 4　高分解能マススペクトルを測定することによっては，試料分子の精密質量数はわからない．
> 5　高分解能マススペクトルを測定することによっては，試料分子の元素組成を求められない．

解説
1　分解能は，質量電荷比（m/z）に応じてどれだけ細かく質量分離できるかを表す質量分析計の性能のことである．
2　分解能の大きな装置ほど小さな質量差を測定できる．
3　分解能は，通常，10％谷による定義で表される．ただし，飛行時間型（TOF）質量分析計では，半値幅によって分解能を表す．
4　高分解能マススペクトルを測定することにより，試料分子の精密質量がわかる．原子量は，$^{12}C = 12.00000$ を基準として決められている．しかし，他の原子はすべて小数点以下の値をもっているので，有機化合物の質量数も小数点以下の値をもっている．通常の質量分析計（低分解能）では小数点以下の質量数を測定することは困難であるが，高分解能質量分析計を用いることにより，小数点以下の精密質量数を求めることができる．精密質量数を測定するときの分解能は，通常，5000 以上である．
5　高分解能マススペクトルを測定し，試料分子の元素組成を求めることができる（問題 4.20 参照）．

正解　1

問題 4.20　次の高分解能マススペクトルによる元素組成の決定に関する記述のうち，正しいものはどれか．
1　モノアイソトピックイオンとは，最も天然同位体存在比の低い核種のみから成るイオンのことをいう．
2　モノアイソトピックイオンの精密質量を小数点 4 桁まで測定すると，そのイオンの元素組成を推定することができる．
3　元素組成の決定の際に窒素ルールを考慮する必要はない．
4　元素組成の決定の際に不飽和度を考慮する必要はない．
5　元素組成の決定の際に同位体イオンピークの強度を考慮する必要はない．

解説　1　モノアイソトピックイオンとは，最も天然同位体存在比の高い核種のみから成るイオンのことをいう．
2　モノアイソトピックイオンの精密質量を小数点以下 4 桁まで測定すると，そのイオンの元素組成を推定することができる．
3　元素組成の決定の際には，元素組成とともに窒素ルールを考慮する必要がある．
4　元素組成の決定の際に不飽和度を考慮する必要がある．
5　元素組成の決定の際に同位体イオンピークの強度を考慮する必要がある．分子イオンピーク（$M^{+\bullet}$）の強度に対する同位体イオンピーク（$[M+1]^{+\bullet}$）の強度から，そのイオンの中に含まれる炭素の数がわかる．例えば，$[M+1]^{+\bullet}$ の強度が $M^{+\bullet}$ の 18 % なら，^{13}C の天然同位体存在比，1.1 % でそれを除すると，16.36 という値が得られる．この値から炭素の数は 16 以下と推定できる．実際には，高分解能マススペクトルを測定後，モノアイソトピックイオンの精密質量数に近い元素リストをコンピューターにより作成し，その中から，窒素ルールや不飽和度，同位体イオンピークの強度を考慮して元素組成を決定する．

正解　2

4.2.7 基本的な化合物のマススペクトルの解析

到達目標 基本的な化合物のマススペクトルを解析できる．（技能）

問題 4.19 下の図は一置換ベンゼン誘導体（$C_{10}H_{12}O$）のマススペクトル（EI-MS）である．次の記述のうち，正しいものはどれか．

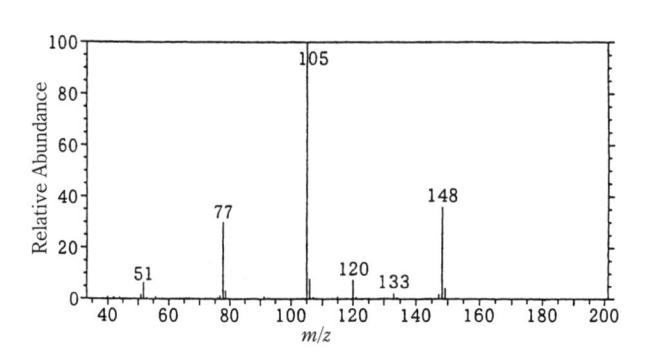

1　m/z 77 は，ベンジル基に由来するピークである．
2　m/z 105 は，分子イオンピークである．
3　m/z 105 は，$[C_6H_5C_2H_4]^+$ に帰属される．
4　m/z 120 は，$[M-C_2H_4]^+$ に帰属される．
5　m/z 148 は，基準ピークである．

解説 1　m/z 77 は，ベンゼン誘導体によく見られるピークである．

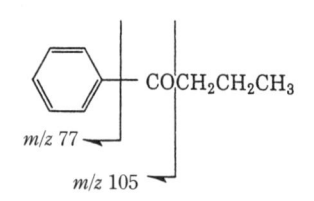

m/z 77 ─── C$_6$H$_5$─COCH$_2$CH$_2$CH$_3$
m/z 105 ───────┘

2　m/z 105 は，最もイオン強度が大きいので基準ピークである．
3　m/z 105 は，$[C_6H_5CO]^+$ に帰属される（解説 1 参照）．
4　m/z 120 は，$[M-C_2H_4]^+$ に帰属される．

$$\left[\begin{array}{c}\text{[structure with H, O, CH}_2\text{, CH}_2\text{]}\end{array}\right]^{+\cdot} \longrightarrow \left[\begin{array}{c}\text{[structure with OH, CH}_2\text{]}\end{array}\right]^{+\cdot} + \begin{array}{c}\text{CH}_2\\\text{CH}_2\end{array}$$

m/z 148 → m/z 120

5　m/z 148 は，分子イオンピークである．

正解　4

問題 4.20 下の図は $C_9H_{10}O_2$ で代表される芳香族化合物ア〜ウのうちのいずれかのマススペクトル（EI-MS）である．次の記述のうち，正しいものはどれか．

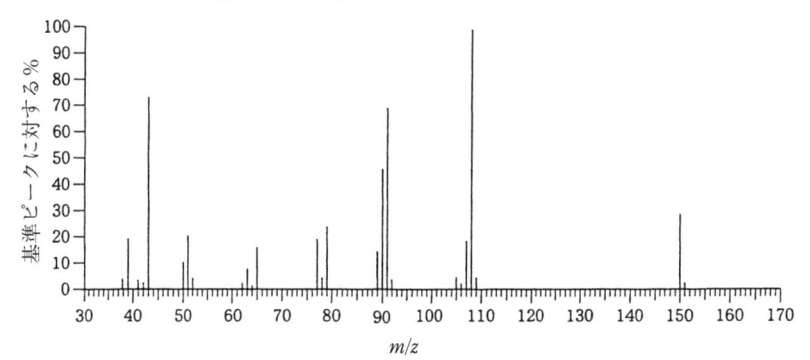

ア: C$_6$H$_5$-CH$_2$-O-CO-CH$_3$
イ: C$_6$H$_5$-CH$_2$-CO-O-CH$_3$
ウ: C$_6$H$_5$-CO-CH$_2$-O-CH$_3$

1　m/z 43 は，ベンジル基に由来するフラグメントイオンである．
2　m/z 91 は，アセチル基に由来するフラグメントイオンである．
3　m/z 108 は，分子イオンピークである．
4　m/z 150 は，基準ピークである．
5　この化合物の構造は，アと考えられる．

解説 1 $m/z\ 43$ は，アセチル基に由来するフラグメントイオンである．

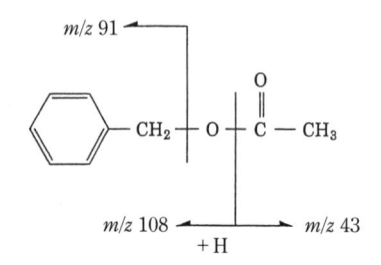

$$m/z\ 91 \quad\quad C_6H_5-CH_2-O-\overset{\overset{O}{\|}}{C}-CH_3 \quad\quad m/z\ 108 \xleftarrow{+H} \quad m/z\ 43$$

2 $m/z\ 91$ は，ベンジル基に由来するフラグメントイオンである（解説 1 参照）．
3 $m/z\ 108$ は，基準ピークである．このイオンはアセチル基の脱離と同時にプロトンが転位して生成したイオンと思われる（解説 1 参照）．
4 $m/z\ 150$ は，分子イオンピークである．
5 解説 1～4 を総合して，この化合物の構造は，ア（酢酸ベンジル）と考えられる．

正解 5

◆ 確認問題 ◆

次の文の正誤を判別し，○×で答えよ．

□□□ 1 マススペクトルからは構造情報は得られない．
□□□ 2 質量分析法では，タンパク質の分子量は測定できない．
□□□ 3 マススペクトルのなかで一番強度の強いイオンを基準ピークという．
□□□ 4 フラグメントイオンの生成過程における結合の開裂様式には，転位を伴うことはない．
□□□ 5 マススペクトルの横軸は，質量電荷比（m/z）である．
□□□ 6 マススペクトルの縦軸は，分子イオンピークを 100 とした各イオンの相対強度を表す．
□□□ 7 試料の物理化学的性質を考慮して，イオン化法を選択する必要がある．
□□□ 8 EI は，熱により気化させた試料分子に熱電子を衝突させてイオン化を行う方法である．

□□□ 9　CI は，試薬ガスとしてメタンやアンモニアなどを用いる．
□□□ 10　FAB によるイオン化には試料とマトリックスを混合する必要がある．
□□□ 11　APCI によるイオン化では，多価イオンを生成する．
□□□ 12　ESI では，分子量 10 万領域の化合物のマススペクトルの測定はできない．
□□□ 13　MALDI では，試料によってマトリックスを変化させる必要はない．
□□□ 14　質量電荷比（m/z）が最小のところに分子イオンピークが現れる．
□□□ 15　塩素原子の同位体は，^{35}Cl，^{36}Cl，^{37}Cl である．
□□□ 16　臭素原子 1 つを含む化合物のマススペクトル中の同位体ピークイオンのパターンは，$M^{+\bullet}：[M+1]^{+\bullet} = 1：1$ の強度比で現れる．
□□□ 17　単純開裂にはラジカル開裂と転位反応がある．
□□□ 18　マクラファティー転位では，C=O に対し γ 炭素上の水素が二重結合に対し転位する．
□□□ 19　マクラファティー転位では，偶数の分子イオンから偶数のフラグメントイオンが生成する．
□□□ 20　分解能は，質量電荷比（m/z）に応じてどれだけ細かく質量分離できるかを表す質量分析計の性能のことである．

正 解

1	×	2	×	3	○	4	×	5	○	6	×	7	○
8	○	9	○	10	○	11	×	12	×	13	×	14	×
15	×	16	○	17	×	18	○	19	○	20	○		

5 X線結晶解析

5.1 ◆ 原　理

到達目標　X線結晶解析の原理を説明できる．

　単結晶は，原子，分子やイオンが規則正しく三次元配列したものであり，単位格子あるいは単位胞と呼ばれる基本単位である平行六面体の積み重なりと考えることができる．この単位格子は格子定数というパラメータ（3つの結晶軸 a, b, c およびその間の角度 α, β, γ）を用いて表すことができ，これらの相互関係により，結晶は7つの結晶系（晶系）に分類できる．また，単位格子の格子点は互いに平行で等間隔な面（格子面）に乗せることができるが，結晶にはさまざまな格子面の組が存在することから，このそれぞれはミラー指数を用いて表すことにより区別される．

　X線は電磁波の一種であり，その波長は 0.1～100 Å（0.01～10 nm）程度である．一方，固体内の原子間距離は1～2 Å程度であり，これと同程度の波長を有するX線が単結晶に入射すると，各原子からの散乱X線が互いに干渉して回折現象を示す．強い回折が観測されるのは，照射したX線の波長と入射角との間に

$$2d\sin\theta = n\lambda$$

　　　（λ：入射X線の波長，θ：ブラッグ角，n：回折の次数，d：面間隔）

の関係が成り立つ場合であり（図5.1），この式をブラッグ（Bragg）の条件と呼ぶ．

　X線結晶解析においては，結晶のさまざまな格子面から得られる回折像をコンピュ

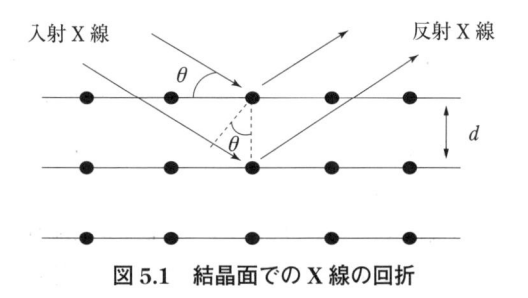

図 5.1　結晶面でのX線の回折

ータ解析することで，格子定数，結晶系や空間群などの結晶学的データが求められ，最終的に分子の立体構造が決定される．X線の散乱は主として原子核の周りの電子によって起こることから，回折点の強度は結晶中の電子密度を反映し，また，回折点の間隔は結晶格子の大きさを反映する．得られた電子密度図に原子の位置や原子の種類を帰属させることで，分子の構造が明らかとなる．X線結晶解析は，光学活性分子の絶対配置やタンパク質の立体構造の決定等に重要な役割を果たしている．

単結晶の構造解析には，X線発生装置に加えて，ワイセンベルグカメラやプレセッションカメラなどの撮影装置や，自動回折計である四軸型X線回折計，およびコンピュータ，構造解析プログラムなどが必要となる．

問題 5.1 X線およびX線結晶解析について，正しい記述はどれか．

1. X線とγ線は，その波長の長さによって明確に区別される．
2. X線管から発生するX線には連続X線と特性X線があるが，このうちX線結晶解析に用いられるのは連続X線である．
3. X線結晶解析に利用されるのは，入射X線と同じ波長の散乱光を与えるトムソン散乱である．
4. 単結晶によるX線の回折は，原子核によるX線の散乱に基づいている．
5. X線結晶解析は，タンパク質などの高分子化合物の立体構造決定には利用されない．

解説

1. X線とγ線は，その発生過程によって区別される．X線は核外電子の軌道間の遷移により放出あるいは吸収される電磁波であるが，γ線は核子の遷移に由来する電磁波である．

2. X線結晶解析に一般的に用いられるのは特性X線であり，CuやMoのK_α線が汎用されている．最近では，高輝度光源としてシンクロトロン放射光も用いられるようになってきた．

3. 散乱X線には，その波長が入射X線と同じであるトムソン散乱と，波長が異なるコンプトン散乱がある．このうち，トムソン散乱は入射X線の電場によって電子が強制振動し，入射X線と同じ波長の電磁波を放射するもので，X線回折にとって重要で

ある.
4 X線の散乱強度は，荷電粒子の質量の二乗に反比例する．したがって，最も軽い水素の原子核でもその質量は電子の約1840倍あることから，X線回折において，原子核によるX線の散乱は電子による散乱と比較した場合，事実上無視できる．
5 X線結晶解析は，タンパク質や核酸などの高分子化合物の立体構造を原子レベルで決定する手段として有用である．

〔正解〕 3

問題 5.2 入射X線の入射角（ブラッグ角）θと波長λとの関係において，回折を与える条件はどれか．なお，nは回折の次数，dは面間隔を表すものとする．
1 $d\sin\theta = n\lambda$
2 $2d\sin\theta = n\lambda$
3 $d\cos\theta = n/\lambda$
4 $2d\sin\theta = n/\lambda$
5 $d\cos\theta = n\lambda$

解説 この式はブラッグ条件と呼ばれ，この条件が満たされる場合に強い回折が生じる．

〔正解〕 2

◆ 確認問題 ◆

次の文の正誤を判別し，○×で答えよ．

□□□ 1 X線は，350〜800 nm程度の波長を有する電磁波である．
□□□ 2 X線結晶解析は，X線の透過現象を利用したものである．
□□□ 3 格子定数には6つのパラメータが用いられる．
□□□ 4 結晶系は，格子定数相互の関係により，正方晶系，六方晶系，斜方晶系の3つに分類される．
□□□ 5 格子面はミラー指数を用いて表現される．

5. X線結晶解析

☐☐☐ 6 単結晶中の原子，分子やイオンの規則正しい繰り返し配列の最少単位を空間格子という．

☐☐☐ 7 格子面の組は，単結晶中には通常1種類だけしか存在しない．

☐☐☐ 8 回折を与える入射X線の波長 λ と入射角 θ の関係を，ストークスの条件と呼ぶ．

☐☐☐ 9 X線回折において，電子によるX線の散乱は原子核による散乱に比べて小さいため，その影響は無視できる．

☐☐☐ 10 X線結晶解析は，光学活性分子の絶対配置の決定に利用される．

☐☐☐ 11 X線結晶解析には，四軸型X線回折計が用いられる．

正 解

| 1 × | 2 × | 3 ○ | 4 × | 5 ○ | 6 × | 7 × |
| 8 × | 9 × | 10 ○ | 11 ○ | | | |

6 総合演習(複合問題)

6.1 ◆ 代表的な機器分析法を用いた基本的な化合物の構造決定

機器分析法による低分子有機化合物の構造決定について,ごく簡単な手順を以下に述べる.

1. 質量スペクトルより分子式を算出する(分子量1000までの医薬品の質量分析では,電子イオン化マススペクトル(EI-MS)が汎用されている.このスペクトルの分子イオン(M^+ピーク)が安定であれば,最高質量部分に現れるM^+ピークのm/z値から分子量を求める).
2. ^{1}H-NMRスペクトル:積分曲線より,異なった環境下の水素群の相対的個数比を求める.

    化学シフト(次の表はおおまかな化学シフト値)より,官能基の存在を推測する.

化学構造		^{1}Hの化学シフト値 (ppm)
三員環	(CH_3, CH)	3〜0
メチル	CH_3-C≼, CH_3-C=, CH_3-C=O, CH_3-Ar, CH_3-N, CH_3-O	4〜0
メチレン	C-CH_2-C, -CH_2-CO-, -CH_2-C=	5〜1
メチン	C ｜ C-CH-C	3〜1
	>CH-Ar, >CH-O, >CH-Hal	7〜2
不飽和	≡CH	3〜1
	CH_2=	8〜5
	=CH-Ar, -CH=N	9〜6
芳香族		10〜6
CHO		11〜8

3. ^{13}C-NMRスペクトルより,飽和炭素やアルケン炭素などの異なった環境下で炭素の存在の有無を知り,総炭素数を見積もる.
4. IRスペクトルより,特徴的な官能基の有無を推定する.

官能基	特性吸収の位置（波数, cm^{-1}）
水酸基	3600～3200
アミンの塩酸基	2500付近
カルボニル基	（1700付近）
カルボン酸	1650～1700（3400～2600にヒドロキシ基）
エステル	1670～1800, 1250, 1100
ケトン	1720付近
芳香環	900～650, 1600, 3010
オレフィン	1000～650, 1650～1550
ニトロ基	1530付近, 1300付近

5. UVスペクトルより，共役系や芳香環の存在を推測する．
6. 1～5より，存在が予想される構造要素をつなぎ合わせた推定の構造式を描き出し，再度，^{1}H-NMRスペクトル，^{13}C-NMRスペクトル，質量スペクトルを用いて構造を精査し，構造を明らかにする（精査のためには，^{1}H-NMRスペクトル：プロトンの化学シフト値，分裂様式，スピン-スピン結合定数を考慮して推定の構造式を再考，^{13}C-NMRスペクトル：炭素の化学シフト値と多重度を考慮して推定の構造式を再考，質量スペクトル：主なフラグメントイオンが推定の構造であるとき妥当かを検討する．詳細は各分析法の章を参照されたい）．

> **問題 6.1** 次の図は，ある医薬品について得られた UV スペクトル（メタノール溶液），^{1}H-NMR スペクトル，MS（EI）スペクトル，^{13}C-NMR スペクトル（完全デカップリング法），および IR スペクトル（KBr 錠剤法）である．この医薬品として推定される構造式は，1～5 のうち，どれか．

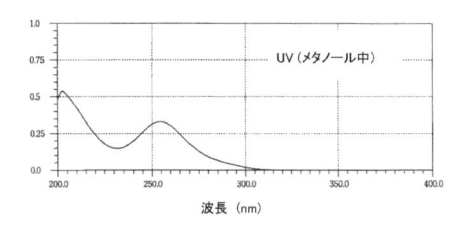

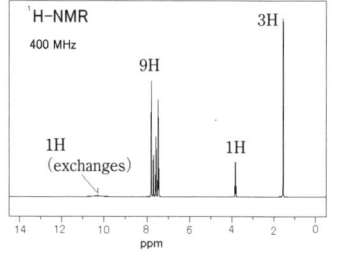

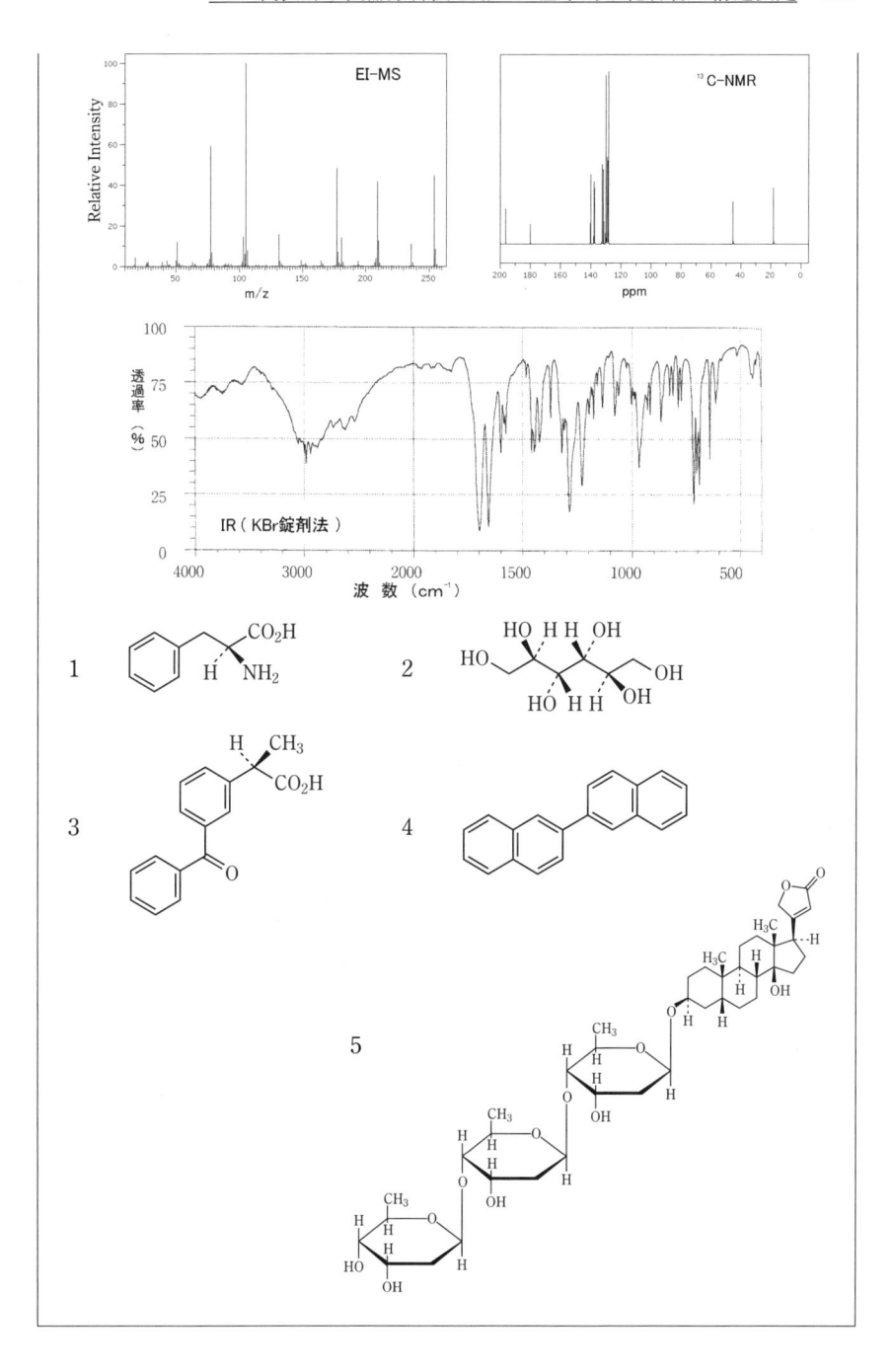

6.1 代表的な機器分析法を用いた基本的な化合物の構造決定

解説

1) 設問の構造式を眺めたうえで，スペクトルの主な特徴をあげてみる．
   - UV スペクトルより，芳香環あるいは共役系の存在．
   - EI-MS スペクトルの分子イオンピーク（m/z 254）より，分子量は 254．
   - ^{1}H-NMR スペクトルより，異なった環境下の水素群の相対的個数比は，1：9：1：3
   - ^{13}C-NMR スペクトルより，飽和炭素やアルケン炭素などの異なった環境下の炭素の存在があり，総炭素数は 10 よりも多い．
   - IR スペクトルには，1700 cm^{-1} と 1650 cm^{-1} 付近の吸収はエステルカルボニル基などの存在を示唆．2800 cm^{-1} 付近の吸収はブロードな形状で，OH 基あるいはアミノ基の存在の可能性．

2) 各候補化合物につき，化学式，分子量，構造上の特徴をあげてみる．

		分子量	適合する上述のスペクトル結果	
1	$C_9H_{11}NO_2$	165	UV，IR	L-フェニルアラニン
2	$C_6H_{14}O_6$	182		マンニトール
3	$C_{16}H_{14}O_3$	254	UV，MS，IR，^{1}H-NMR，^{13}C-NMR	ケトプロフェン
4	$C_{20}H_{14}$	254	UV，MS，（^{13}C-NMR）	2,2'-ビナフタレン
5	$C_{41}H_{64}O_{13}$	765	UV	ジギトキシン

以上より，3 が該当する．

ケトプロフェンのメタノール溶液は，254 nm 付近に吸収の極大を示す．また，IR スペクトルの吸収帯とその帰属は，1696 cm^{-1}：カルボキシル基の $\nu_{C=O}$，1656 cm^{-1}：カルボニル基の $\nu_{C=O}$，1599 cm^{-1}：芳香環の $\nu_{C=C}$，704 cm^{-1}：芳香環の δ_{C-H} が報告されている（第 15 改正日本薬局方解説書，廣川書店（2006）より引用）．

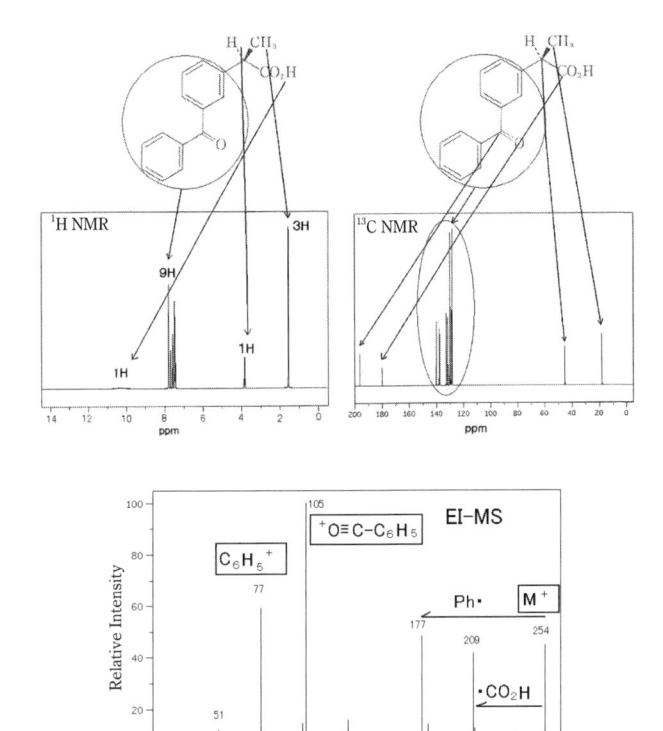

6.1 代表的な機器分析法を用いた基本的な化合物の構造決定　191

[(独) 産業技術研究所：有機化合物のスペクトルデータベース　SDBS より引用，一部改変]

正解　3

問題6.2　次のスペクトルの中で，アミノ安息香酸エチルの MS（EI）スペクトル，IR スペクトル（KBr 錠剤法），^{1}H-NMR スペクトル，および ^{13}C-NMR スペクトル（完全デカップリング法）の正しい組合せはどれか．

アミノ安息香酸エチル

192 6. 総合演習（複合問題）

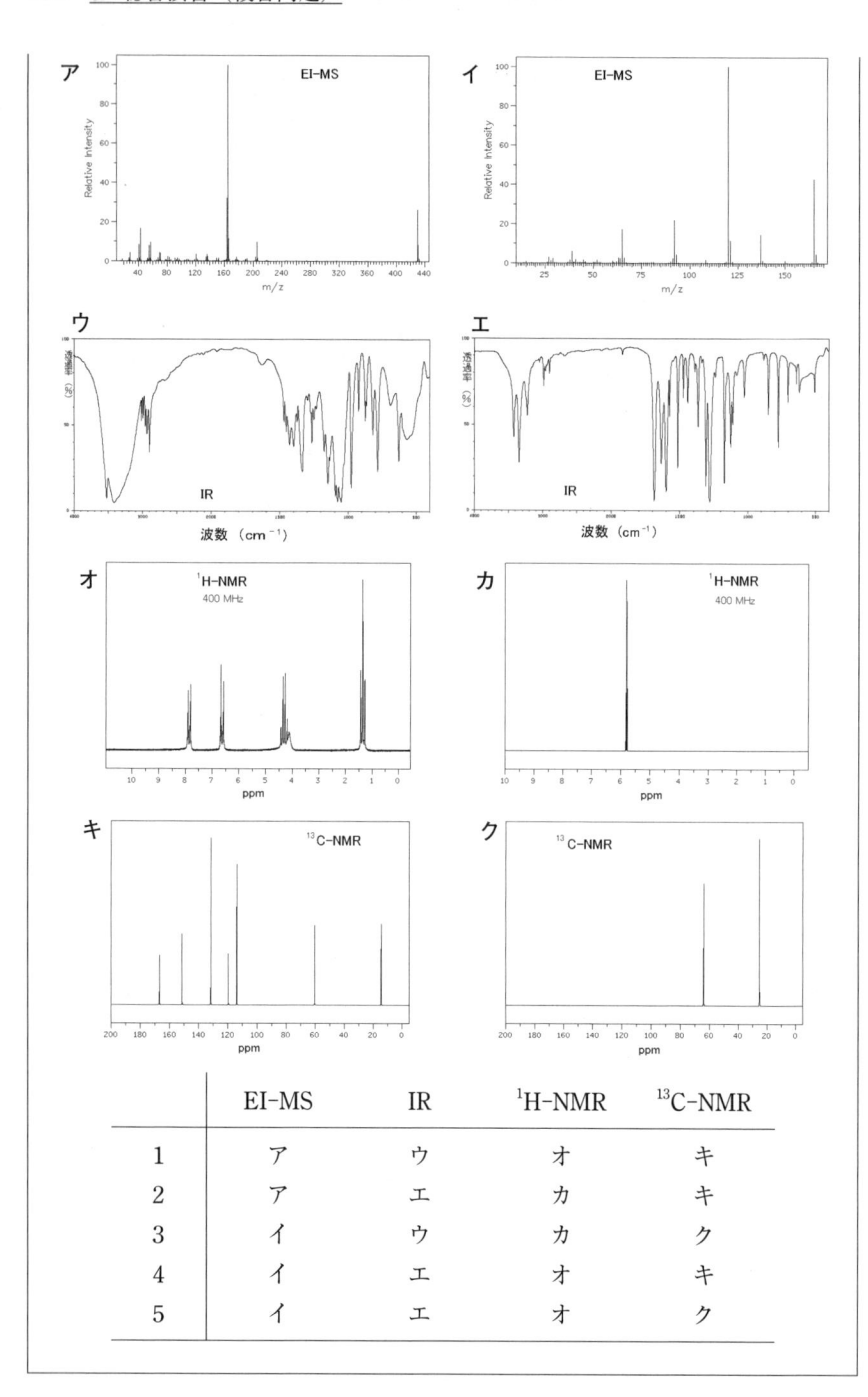

ア EI-MS

イ EI-MS

ウ IR
波数（cm⁻¹）

エ IR
波数（cm⁻¹）

オ ¹H-NMR
400 MHz

カ ¹H-NMR
400 MHz

キ ¹³C-NMR

ク ¹³C-NMR

	EI-MS	IR	^{1}H-NMR	^{13}C-NMR
1	ア	ウ	オ	キ
2	ア	エ	カ	キ
3	イ	ウ	カ	ク
4	イ	エ	オ	キ
5	イ	エ	オ	ク

6.1 代表的な機器分析法を用いた基本的な化合物の構造決定　*193*

解　説　アミノ安息香酸エチルの構造を考慮して，スペクトルの主な特徴を予想してみる．

1) アミノ安息香酸エチルの分子量は165.2であるから，MS（EI）スペクトルの分子イオンピークとして*m/z* 165が期待される．→イ
2) アミノ安息香酸エチルはエステルであるので，IRスペクトルには1700 cm^{-1}付近の吸収が期待される．→エ
3) アミノ安息香酸エチルの水素核の群は，5群である．^{1}H-NMRスペクトルには，メチル基の水素核による2.5〜0 ppmの領域，酸素原子が結合したアルカンの水素核による5〜3 ppmの領域，芳香環の水素核による9〜5 ppmの領域にシグナルが生じると期待される．→オ
4) アミノ安息香酸エチルの化学的に非等価な炭素核の数は，7である．^{13}C-NMRスペクトルには，アルカンの炭素核による40〜0 ppmの領域，酸素原子が結合したアルカンの炭素核による60〜40 ppmの領域，芳香環の炭素核による160〜100 ppmの領域，カルボニルの炭素核による200〜160 ppmの領域にシグナルが生じると期待される．→キ

以上よりイ，エ，オ，キがアミノ安息香酸エチルのスペクトルと判断できる．

　参考までに，アはトコフェロールのMS（EI）スペクトル，ウは果糖のIRスペクトル，カはハロタンの^{1}H-NMRスペクトル，クはイソプロパノールの^{13}C-NMRスペクトルである．

[正解]　4

◆ 確認問題 ◆

次の文の正誤を判別し，○×で答えよ．

□□□　**1**　IRスペクトルは，横軸に波長，縦軸に透過率を示す．
□□□　**2**　UVスペクトルから，分子の中の共役系の有無を予測できる．
□□□　**3**　質量スペクトルの基準ピークから分子量が算出できる．
□□□　**4**　質量スペクトルは，横軸に質量電荷比（*m/z*），縦軸に強度の最大のイオ

ンの強度を 100 とした相対強度を示す.

□□□ 5 ^{1}H-NMR スペクトルの積分曲線より,異なった環境下の水素群の相対的個数比が求められる.

□□□ 6 完全デカップリング法による ^{13}C-NMR スペクトルでは,シグナルの面積から炭素数がわかる.

□□□ 7 アセチルサリチル酸の ^{1}H-NMR スペクトルには,芳香環の化学シフトが 10 〜 6 ppm の領域に現れると予想される.

□□□ 8 2-プロパノールの ^{1}H-NMR スペクトルには,メチル基の化学シフトが 9 〜 7 ppm の領域に現れると予想される.

□□□ 9 ベンゼンの完全デカップリング法による ^{13}C-NMR スペクトルを得たところ,1 本のシグナルが現れた.

□□□ 10 エチルアルコールの UV スペクトルには,240 nm に極大吸収がみられた.

□□□ 11 パラオキシ安息香酸エチルの IR スペクトルを得たところ,700 cm^{-1} にエステルに由来する吸収がみられた.

正 解

1 × 横軸に波数.
2 ○
3 × 分子イオンピークから分子量が算出できる.
4 ○
5 ○
6 × 炭素数は求められない.
7 ○
8 × メチル基はもっと高磁場(2 〜 1 ppm)と予想される.
9 ○
10 × みられない.
11 ○

索　引

ア

アーク　71
アーク放電　65, 69, 71
アニリン　18
アミノ安息香酸エチル　191
アミノ酸クロマトグラフィー
　検出法　117
アルカリハライドランプ　27
L-アルギニン塩酸塩注射液　97
アルテレノン　12
ICP-MS法　66, 77
ICP-二重収束型質量分析法　78
ICP発光分析法　66, 72
IRスペクトル　187

イ

イオン化　165
イオン開裂　174
イオン化干渉　45, 57, 70
イオン化法　164
イオン交換クロマトグラフィー　44
イソソルビド　98
移動相　108
インターカレーション　40
インターカレーター　40

ウ

右旋性　90

エ

液体クロマトグラフィー　107, 110
　検出器　116
　装置　117
液膜法　81
エチジウムブロマイド　40
エネルギー遷移　25
エルマン試薬　38
エレクトロスプレーイオン化　168
炎光分析法　65
炎色反応試験法　65
円二色性スペクトル　101
円偏光　91
円偏光二色性　91, 105
円偏光二色性測定法　90
ATR法　81
^{1}H-NMRスペクトル　130, 187, 188
　エタノール　142
　解析　149
　化学シフト　132
　1-プロパノール　143
NMRスペクトル測定法　125
X線　184
X線回折　183
X線結晶解析　183

オ

オクタント則　101
オフレゾナンスデカップリング法　154
オフレゾナンス法　153

カ

回折現象　183
回折格子　44, 47
化学イオン化　166
化学シフト　130
化学的干渉　45, 57, 70
化学発光　26
核酸　20
拡散反射法　81
核磁気　125
核磁気共鳴スペクトル　125
核磁気共鳴スペクトル測定法　125
核磁気共鳴法
　電磁波　127
　同位体　127
核磁気モーメント　125
ガスクロマトグラフィー　107, 112
　検出器　119
　装置　118
　電子捕獲検出器　120
ガラス製セル　5
カラムクロマトグラフィー　107
6-カルボキシフルオレセ

イン 40
乾式灰化法 44, 55
干渉 45, 58, 70
干渉フィルター 44, 47
環電流効果 131

キ

基準ピーク 161, 170
キセノンランプ 27, 48
輝線スペクトル光源 49
気体試料測定法 81
逆相分配クロマトグラフィー 110
キャリアーガス 73
吸光度 1, 4
吸収極大波長 15
共沈法 44
共鳴 125

ク

クエンチャー 34
クエンチング 34
グローバ灯 81
グローバーランプ 48
グロー放電 69
クロマトグラフィー 107
　検出法 116
　種類 108
　装置 116
　分離機構 108

ケ

系間交差 23, 25, 30
蛍光 23, 29
蛍光強度 33
蛍光光度法 23
　検出器 28
　原理 24
　光源 27
　セル 27

光の遷移現象 35
蛍光スペクトル 23, 29
蛍光性インターカレーター 40
蛍光プローブ 39
蛍光プローブ法 40
ケミルミネッセンス 26
原子吸光光度法 43
　アルジオキサ 61
　インスリン 61
　エルカトニン 61
　塩酸 61
　応用 60
　干渉作用 57
　金チオリンゴ酸ナトリウム 61
　原子化法 50
　原理 46
　光源 48
　酸化チタン 61
　常水 61
　試料前処理 54
　水酸化ナトリウム 61
　スルファジアジン銀 61
　精製ゼラチン 62
　ゼラチン 62
　操作法 59
　装置 47
　定量法 55
　バックグラウンド補正 53
　プラスチック製医薬品容器試験法 62
　プレドニゾロン 62
　ポリスチレンスルホン酸カルシウム 62
　輸液用ゴム栓試験法 62
原子スペクトル 43

コ

光学活性 90
項間交差 23, 25, 30
光散乱 34
格子定数 183
高磁場側 134
格子面 183
高周波誘導結合プラズマ 66
高周波誘導結合プラズマ-質量分析法 66, 77
高周波誘導結合プラズマ発光分析装置 72
高周波誘導結合プラズマ発光分析法 66, 72
高速原子衝撃イオン化 167
光電光度計 5
光電子増倍管 28, 44
高分解能マススペクトル
　分子式の決定 176
コットン効果 100
コンプトン散乱 34, 184

サ

細胞内蛍光プローブ 39
左旋性 90
サルコフスキー反応 37
散乱 X 線 184

シ

シアノコバラミン 14
ジアミノフルオレセイン 40
ジエチルエーテル 138
紫外可視吸光度測定法 1
　生体分子の解析 19
　分子構造解析 15, 17
　溶媒 16

索　引

紫外可視吸収スペクトル　2
　　リボフラビン　20
紫外可視分光光度計　2
紫外吸収スペクトル
　　NAD$^+$　21
　　NADH　21
時間分解蛍光測定　39
磁気異方性効果　131
シグナル積分値　137
シグナルの分裂　141
シグナル面積　130
自己反転方式　54
自然蛍光　37
湿式灰化法　44, 55
質量スペクトル　188
質量電荷比　159, 160
質量分析法　159
　　原理　160
質量分布比　108
磁場の遮へい効果　131, 134
指紋領域　84
重水素置換　137
重水素放電管　5, 48
順相分配クロマトグラフィー　110
晶系　183
消光　34
消光剤　34
錠剤法　81
助色団　15
シンクロトロン放射光　184
伸縮振動　80, 85
深色効果　15
シンメトリー係数　108, 112
CDスペクトル　105
^{13}C-NMRスペクトル　153, 187, 188
　　エチルアルコール　155
　　化学シフト　154

ス

水素化物生成方式　44
水素化物生成法　51
ストークスの法則　29, 35
スパーク　71
スパーク放電　66, 69, 71
スピン-スピン結合　130, 141, 153
スピン-スピン結合定数　143
スピン量子数　126
スプレーチャンバー　73
スルホブロモフタレインナトリウム　7

セ

正のコットン効果　90, 100
石英製セル　5
赤外吸収スペクトル　80
　　光源　82
　　溶液法　83
絶対検量線法　45, 56
ゼーマン効果　125
ゼーマン方式　54
旋光性　90, 92
旋光度　90, 91, 92
旋光度測定法　90
　　光源　91
　　純度試験　93
　　定量　93
旋光分散　90, 92, 100, 105
浅色効果　15
全反射法　81
全噴霧型バーナー　52

ソ

ソフトイオン化　164

タ

大気圧化学イオン化　167
多元素同時分析用ICP発光分析装置　74
単位格子　183
単位胞　183
タングステンランプ　5, 48
単結晶　183
単純開裂　174

チ

中空陰極ランプ　43, 47, 48
超臨界流体クロマトグラフィー　107, 113
　　検出器　120
　　装置　121

ツ

ツェルニ・ターナー型モノクロメーター　75

テ

低圧水銀ランプ　50
低温灰化法　44, 55
低磁場側　134
テルビウム　39
電気加熱方式　44, 51, 53
電子イオン化　165
電子イオン化マススペクトル　187

ト

同位体ピーク　170
透過スペクトル法　81
透過度　1, 4

透過率　1
特性吸収帯　84, 85
特性X線　184
トムソン散乱　34, 184
L-トリプトファン　19

ナ

内標準物質　111
内標準法　45, 56
ナトリウムスペクトルのD線　91

ニ

ニコチンアミドアデニンジヌクレオチド　20
ニコチンアミドアデニンジヌクレオチドリン酸　20
入射X線　185
ニンヒドリン試薬　38

ヌ

ヌジョール法　81

ネ

ネスラー試薬　38
熱ルミネッセンス　26
ネブライザー　73
ネルンスト灯　81

ノ

濃度消光　34
ノルアドレナリン　12

ハ

バイオルミネッセンス　26
バイルシュタイン反応　65
薄層クロマトグラフィー　107, 113, 121
薄膜法　81
波長校正用光学フィルター　5
バックグラウンド補正　44, 48
発蛍光反応　37
発光　23
発光分析法　65
　原理　67
　励起源　67
パッシェル・ルンゲ型ポリクロメーター　75
発色団　15
ハードイオン化　164
パルス・フーリエ変換NMRスペクトル測定装置　126
ハロゲンタングステンランプ　5
反射スペクトル法　81

ヒ

光の吸収　1
光ルミネッセンス　23, 25, 30
比吸光度　2, 6
非共鳴近接線方式　54
ピーク
　種類　170
ピーク高さ法　108
ピークの完全分離　111
ピーク面積　111
ピーク面積法　108
飛行時間型質量分析計　176
比旋光度　90, 92, 93
標準添加法　45, 56

フ

L-フェニルアラニン　19
フェノールフタレイン　18
フクシン亜硫酸試薬　38
o-フタルアルデヒド試薬　38
物理的干渉　45, 57, 70
ブドウ糖注射液　95
負のコットン効果　90, 100
フラグメンテーション　174
フラグメントイオン　163
フラグメントピーク　170
プラスチック製医薬品容器試験法　45, 60
プラズマガス　73
プラズマ発生用トーチ　74
ブラッグの条件　183
フーリエ変換　54
フーリエ変換形赤外分光光度計　80
フルオレセインジアセチル　40
ブルーシフト　15
プレドニゾロン　62
フレーム分析法　65, 69
フレーム方式　43, 50
フレームレス方式　50
プロゲステロン　9
プロトンノイズデカップリング法　153
分解能　176
分光学的干渉　45, 57, 70
分光光度計　5
分光分析法　1
分散形赤外分光光度計　80
分子イオンピーク　170

分配クロマトグラフィー
　分離機構　109
分離係数　108
分離度　108, 112

ヘ

1,3,5-ヘキサトリエン　18
ペースト法　81
ヘスの法則　35
変角振動　80
偏光　91
ヘンリーの法則　35
β-カロテン　18

ホ

ボイル・シャルルの法則　35
放電発光分光分析法　65, 71
放電ランプ　43, 47
保持時間　107, 111, 112
補助ガス　73
ホトマル　28
ポリスチレン膜　81
ホロカソードランプ　43, 47

マ

マクラファティー転位　162, 175
マトリックスレーザー支援イオン化　169
マススペクトル　159, 163
　塩素原子を含む化合物　172
　サリチル酸メチル　171
　臭素原子を含む化合物　173
　測定法　164

ミ

ミー散乱　34
ミラー指数　183

ム

無電極放電ランプ　50
無輻射遷移　23
無放射遷移　23

メ

メトキサレン　13

モ

モデファイヤ　121
モノアイソトピックイオン　177
モノクロメーター　5, 44, 47
モル吸光係数　2, 6

ユ

誘起磁場　131
ユウロピウム　39
輸液用ゴム栓試験法　45, 60
UVスペクトル　188

ヨ

溶液法　81
溶媒抽出法　44, 55
予混合型バーナー　52

ラ

ラジカル開裂　174
ラマン散乱　34
ラーモア歳差運動　125
ランベルト-ベールの法則　1, 7, 32, 80

リ

リーディングピーク　112
リボフラビン　20
緑色蛍光タンパク質　40
理論段数　108
リン光　25, 29, 30

ル

ルシャトリエの法則　35
ルミネッセンス　23

レ

励起スペクトル　23
冷蒸気方式　44, 51
レイリー散乱　34
レーザー　27
レッドシフト　15
連続スペクトル光源方式　54
連続波NMRスペクトル測定装置　126

ロ

ろ紙クロマトグラフィー　107

CBT 対策と演習
機 器 分 析

定　価（本体 1,800 円＋税）

編　者	薬学教育研究会	平成 21 年 3 月 5 日 初版発行 ©
発行者	廣　川　節　男	
	東京都文京区本郷 3 丁目 27 番 14 号	

発行所　株式会社　廣川書店

〒 113-0033　東京都文京区本郷 3 丁目 27 番 14 号

〔編集〕　　　　03（3815）3656　　　　　03（5684）7030
　　　　電話　　　　　　　　　　FAX
〔販売〕　　　　03（3815）3652　　　　　03（3815）3650

Hirokawa Publishing Co.
27-14, Hongō-3, Bunkyo-ku, Tokyo